KB048485

1955~1962년 구동독 도시설계팀의

함흥시와 흥남시의 도시계획

이 책은 독일 함부르크 항구도시대학에 제출한 박사학위 논문을 한국 독자를 위해 단행본에 맞게 수정보완하여 출간한 것이다.

저자는 함경남도 정평에서 태어나 올해로 90을 맞이하고 있다.
한국의 연구자, 청년학도들에게 한반도의 평화와 교류를
간절히 바라는 저자의 마음도 이 책에 담겨 있다.

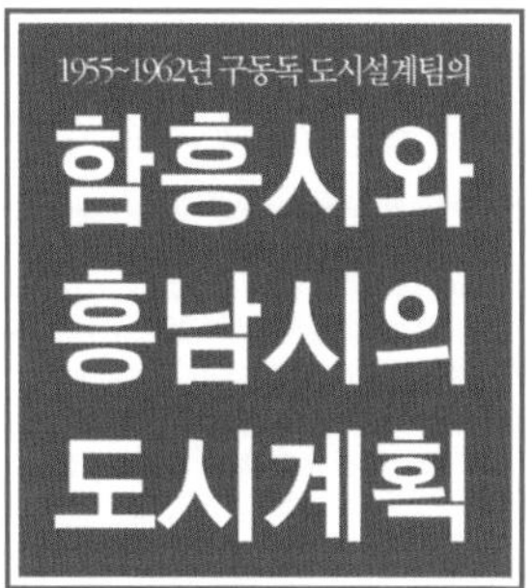

신동삼 증인의 도시계획 역사적 고찰

신동삼 지음

[감사의 말]

우선 제1 논문 지도교수님인 안겔루스 아이징거(Prof. Dr. Angelus Eisinger)께 심심한 감사를 드리며, 또 저자의 논문을 잘 리뷰하고 헌신적으로 도움을 주신 제2 지도교수님인 하랄드 케글러(Prof. Dr. Harald Kegler)께도 감사 말씀을 드립니다.

다음으로 과거 DAG 단원에게도 심심한 감사를 드립니다. 콘라트 퓟쉘 교수, 마티아스 슈베르트 교수, 클라우스-페터 베르너 석사, 게르하르트 슈틸러 석사, 요하네스 슈로트 석사와 아르놀트 테르페 박사님은 나에게 여러가지 많은 도움을 주었습니다.

마지막으로 처음부터 저자의 논문 작성을 권고하고 도와준 아내와 아들 안드레에게 감사를 표하는 바이다.

그리고 우리말 교정에 수고하신 향우(鄕友) 한만섭 박사께 심심한 감사를 드립니다.

[들어가며]

반세기 전의 구동독 함흥시 재건사업은 당시 세계에서 가장 대규모적인 프로젝트였다. 1955년부터 1962년까지 8년간의 재건사업에서 약 500명의 구동독 인력이 함흥시 재건사업을 실행한 적이 있었다.

나는 구동독 함흥시 재건 역사의 증인으로 반세기가 넘은 지금 한국 학계에 소개할 수 있게 되어 매우 기쁘다. 이에 도와준 여러분께 심심한 감사를 드린다.

당시 미국 B-29 폭격으로 함흥 · 흥남 지방은 90% 이상 초토화되었다. 그리하여 주택건설이 선차적인 과업으로 진행되었고, 1955년 5월부터 7월까지 빠른 기간에 순조로운 도시건설을 위하여 "함흥시 총계획도"가 완성되었다. 이는 역사적으로 찾기 힘든 사례일 것이다.

당시 동독 도시설계사들의 도시계획에서 최소 단위로 활용된 "근린주거지역Wohnkomplex"을 북한에서는 "소구역"이라고 칭하였다. 이 소구역은 1920년대 미국의 한 도시계획가의 "Neighbourhood Unit" 설계기법이 그 기본 아이디어였다. 당시 소련에서 이 기법을 활용하고, 2차 대전 후에 구동독에서 이것을 소위 "사회주의적"으로 발전시킨 것이며, 결국 이것을 1955년도에 함흥시 설계에 적용한 것이다.

나는 반세기 전의 함흥시 재건 역사를 "함흥시와 흥남시 도시설계, 1955/62"라는 논문으로 우리 한국 학계에 처음 소개하였다. 앞으로 남북 도시계획 · 설계연구 사업에 도움이 되기를 희망한다. 그리고 지금 한국은 너도나도 북한을 연구하고자 하는 열망이 크다. 이 책이 소중한 도움이 되길 바란다.

2019년 5월에 한국 국토연구원의 외국학자 초청강연으로 한국을 방문하는 자리에서 경기대 김지윤 교수님을 통해 국회입법조사처와 한국도시학회로부터 함흥시 특강을 요청받았다. 특강 후, 국회입법조사처 장경석 박사께서 나의 논문 출판을 위해 논형출판사를 소개해 주었다.

논형출판사 소재두 사장은 "이상적"으로 저자를 대하면서 금년(2019년) 안에 출판을 약속하였다. 기쁘고 감사할 일이다.

2019년 10월 말

독일에서 신 동삼

[책을 펴내며]

이 책은 1945년 이후 독일과 한국의 도시계획 역사에서 잘 알려지지 않은 내용을 다루고있다. 1955년부터 1964년까지 북한 함흥시 재건을 위한 구동독 정부의 협정이 1955년 2월 17일 발표됐다.

1950~53년 사이에 미국의 공습으로 초토화된 함흥시의 도시설계가 우선 과업이었다. 따라서 독일의 도시계획가들이 북한 사람들과 긴밀히 협력하여 1955년 4월 말부터 7월까지 기록적인 짧은 기간에 15만 주민들을 위한 도시계획을 세웠다.

1920년대, 특히 제2차 세계대전 이후에 널리 퍼진 도시계획의 중요한 기본 패턴은 다음과 같다.

동독의 "도시계획의 제16개 기본조항"은 동독의 파괴된 도시건설계획의 기초로써 동독 중앙의회에서 1950년 7월 27일 채택된 바, 이것이 함흥도시계획 재건단에 의해 적용되었다. 특히 제2차 세계대전 후 도시설계의 견본이 된 것은 1929년대에 생긴 슈퍼블럭(Superblock)[1)]과 본콤

---

* 슈퍼블럭: Superblock(영어), 영어권 나라에서 대규모 주거 및 상업 지구를 의미한다.

플렉스(Wohnkomplex)[2]이다. 또한 마이크로라욘(Mikrorayon)[3]이 점차 "사회주의적 본콤플렉스"의 기본으로 되었다. 이것이 결국 도시설계의 기본패턴으로 발전되고 이를 중심으로 일상생활에 필요한 복지시설이 배치된다.[4]

한국에서는 1970년대에 그 사례로서 한강 주변 잠실구역의 도시설계에서 "근린주거지역" 설계기법이 시도되었다. 이것이 1988년 서울올림픽 경기장 조성사업이었다.

이런 문제해결을 위한 자료 수집 및 이에 대한 일정한 평가와 해설이 이 책의 기본과제였다. 또한 북한 당국에 함흥시 도시설계와 관련된 문헌을 요청하여 공개를 기다리고 있는 중이다.

나는 이에 대한 과학적인 연계성 연구와 동시에 구동독 함흥시 설계진의 함흥시 도시설계의 내용을 증거로 소개함으로써 이 재건사업에 대한 올바른 이해에 기여하고자 한다.

---

* 본콤플렉스: Wohnkomplex(독일어), 독일어권 나라에서 주택 단지를 의미하지만, 여기에서는 근린주구로 표현하였다.
* 마이크로라욘 : Mikrorayon(우즈베크어), 작은 구역, 작은 지구를 의미한다.
* 골드잠트, 1974, 229-231쪽.

당시 동구권 진영의 도시계획 변천사와 한국전쟁 후 북한이 겪은 다양한 도시계획의 경험과의 연관성을 간단히 소개하고 동시에 유사 사업의 성공적인 수행을 위해 도움이 되기를 희망한다. 제2차 세계대전 후의 북한 도시계획 역사의 연구 사업은 이제 곧바로 시작된다고 할 수 있다.

이 책을 통하여 이런 사업에 대한 방법론의 토론과 후속 사업을 위한 다큐멘터리적 사업과 나아가서 국제적인 연결 사업에 기여하고 역사적인 과업의 증인이 되길 희망이다.

차례

차례

차례

그림차례

제1장

함흥시와 흥남시의 도시계획과 저자와의 연관

Hamhung/Hungnam / Reconstruction
DAG / Dong-Sam Sin

1955년 4월, 나는 구동독 드레스덴(Dresden) 공대 학생이었다. 어느 날 동독주재 북한대사관에서 나에게 구동독 함흥시 재건단의 전문통역관으로 함흥에 가라는 연락이 왔다. 당시 나는 마침 북한 국비유학생으로 대학의 건축학과 예과를 졸업했었다. 나는 1948년 고향을 떠나 7년 만에 다시 고향으로 가게 되어 매우 기뻤다. 나의 고향은 함흥시 서남쪽으로 약 10km 떨어진 곳에 위치해 있으며, 1950년에 흥남고급중학교를 졸업하였다. 나중에 구동독 함흥시 재건단(DAG, Deutsche Arbeit Gruppe Hamhung)에서 일할 당시에 자전거로 고향에 갔다온 적이 있었다.

2002년에 내가 동독과 서독인들과 함께 한국 관광을 하던 중, 우연히 구동독 함흥시 재건단과 인연이 있는 이야기를 듣게 되었다. 구동독 라이프치히(Leipzig)에서 서점을 경영하는 독일인 프란크 뤼디거(Frank Ruediger) 씨가 『동독과 북한 – 1954년부터 1962년까지의 함흥시 재복구』라는 서적을 출간했다는 것이다. 이 출판물의 내용은 함흥시 도시설계진의 제1차 팀장인 콘라트 퓟쉘(Konrad Puschel) 씨의 유고집이었다. 이 문건은 현재 동독 바우하우스 데사우(Bauhaus Dessau)재단 문고에 보관되어 있다. 그런데 이 논문의 저자인 프란크 뤼디거 씨의 상관인 레타 렌트너(Prof. Reta Rentner) 교수는 마침 베를린 훔볼트(Humboldt)대학 한국어과의 학장이었다. 이 여성 교수는 50년 전에 동독 라이프치히 종합대학의 예과학생이었으며 1952년에 북한에서 온 우리 국비유학생들에게 독일어를 가르쳐 주었고 또 서양 사교춤도 가르쳐 주곤 했다.

그 후에 그녀의 대학 세미나에서 나의 서독 망명 이야기에 관해 이야기를 나누었다. 이 세미나를 조직했던 프란크 뤼디거 씨는 콘라트 퓟쉘 씨가 일한 함흥 재건설계자료를 디지털로 정리하여 후일 연구 사업에 쓸 수 있도록 하는 것이 좋을 것이라고 나에게 조언해 주었다.

이 자료의 디지털화를 지원해 줄 수 있는 스폰서를 찾던 중 한국 통일부와 통일연구원에 편지를 보내기도 했으나 성과는 없었다. 또 한편으로는 독일에 거주하는 옛 함흥 재건단원들이 소유하고 있는 개인 자료를 더 수집하기 시작했다. 그 성과로 바우하우스 데사우 문고의 소장자료를 나에게 제공해 주기로 했다. 그러나 위 문고의 청사가 수년 동안 여러 번 이사한 관계로 3년 후에야 문고장인 뤼디거 메써슈밋트(Ruediger Messerschmidt) 씨가 직접 카메라로 복사하여 나에게 보내온 것을 내가 디지털로 정리했다. 그 후에 한국의 한 연구소가 나에게 함흥시 도시계획에 관한 특강을 요청해 왔는데, 박사학위 취득자라야 강연을 할 수 있다는 답변이 왔다. 이를 계기로 옛 함흥재건단의 일원으로 직접 참여했고, 아직 살아 있는 나는 함흥시 도시계획에 관한 설계자료를 연구하여 박사논문을 쓰기로 결심했다. 다시 말해 함흥재건 프로젝트에 관한 논문을 써서 여러 학계에 소개하는 동시에 후세에게도 기록으로 남겨두려는 의도였다. 이것이 계기가 되어 여러 구동독 함흥시 재건사업에 관한 자료를 학술적으로 정리하고 해설을 붙이는 작업을 시작했다. 또 이것은 나의 청년시절의 가장 뜻깊은 회고록이 될 것으로 확신했다.

우선 구동독이 그들의 도시계획 경험을 북한에 수출한 데 대한 긍정적인 결론을 찾는데 노력하였다. 이에 관련있는 자료를 아직 북한에서는 찾을 수 없어서, 현재 생존하는 증인들의 개인 소장자료를 우선 참고하였다. 먼저 알게 된 사실은 함흥 · 흥남 설계자료와 이에 관련된 문건 정리가 전혀 되어 있지 않다는 사실이다.[1] 나는 독일의 전문가들과 이 문제를 해결하기 위해 함흥 현지에서 일했던 사람들이 남긴 자료를 분석한 내용을 제8장 문헌목록에서 기술하였다. 함흥 · 흥남시 도시계획설계에 관한 연구프로젝트 중에는 제3의 사람들이 보관했던 자료가 많았다. 흥남시 설계에 직접 참여했던 페터 될러(Peter Doehler)의 아들 올라프 될러(Olaf Doehler)로부터 관련자료를 2014년 입수했다. 구동독 설계팀의 중요한 사업목록 등이 이 책의 "중요한 현존자료"로 활용하였다. 당시 DAG는 도시계획 설계안을 다루는 문제에 있어서 다른 기관과 차이점이 많았다. DAG 내에서 실행한 이론적 모순의 절충 사례로 함흥시 중앙광장 설계를 들 수 있다. 도시설계에서 두 가지 다른 개념적 입장이 서로 상충한 것이다. 신전통파인 제1차 도시설계 팀장 콘라트 퓟쉘 씨는 큰 광장과 연결되는 도심 중앙축과 대형도로 등의 설계개념 즉 "스탈린적 입장"에서 당시 동구권 진영의 도시설계를 기본방침으로 하여 "도시계획의 제16개 기본조항"을 철저히 실행하자는 것이었다.

하랄트 보덴샤츠(Harald Bodenschatz) 씨의 진술[2]에 따르면 1930년부터 1950년까지는 "스탈린주의"는 "극단적인 신바로크형[3] 도시계획기법"이라는 것이었다. 특히 콘라트 퓟쉘의 함흥시 도시설계는 이 같은 설계기법을 볼 수 있다. 이들은 바이마르(Weimar) 건축대학에서 공부한 사람들이다. 특히 제5차 도시설계 팀장인 카를 좀머러(Karl Sommerer)와 에

---

1) 설계자료의 취급이 없이 이 제목 내용에 대한 첫 접근 시도는 뤼뒤거 씨가 했으며 이 논문에 해당 자료를 소개한다.

2) 스탈린주의 설명://www. bpb. de/suche/?suchwort=stalinismus (18. 06.)

3) Bodenschatz, 2003, 278면.

른스트 카노우(Ernst Kanow)는 다른 설계기법을 주장했다. 독일 DAG 내의 퓟쉘과 좀머러 — 카노우 사이의 이론 논쟁은 1950년대의 동독 도시계획 기법의 불일치성을 말하는 것이다. 과학적이고 현대적인 도시계획에서 좀머러, 카노우[4]는 이미 사상적인 변화가 시작된 것이다. 이같은 신스탈린주의자들과 과학적인 도시설계파들이 논쟁하는 가운데서 함흥시 설계는 “실험실” 안에서 탄생되었다. 이 논쟁에 대한 구체적인 사항을 “함흥시 중앙광장의 변체”(제3장 2. 2)에서 자세히 설명하였다.

스탈린식의 대표적인 도시설계 기법을 함흥시 설계과정에 반영하였다. 대도로가 도시의 중앙축이 되어 산업지대와 연결시켰다. 그러나 후에 노동자의 시위운동의 핵심이 되는 행진도로로 활용되기도 하였다. 특히 도심의 광장은 품위있는 공공기관 건물이 들어선 대도로의 중앙에 위치하였다. 다시 말해 문화궁전, 당건물, 공공기관 건물이 도심 중앙광장 주변에 위치하는 것이다. 즉 사회주의적 근린주거지역이 병행되었다. 건축가들은 대도로 계획에 대해 관심을 두지 않지만, 대도로 주변에 고층건물을 설치하려는 신도시의 공간조성의 실루엣(silhouette)이 중요한 문제가 되었다.

DAG의 사회주의적 함흥시 도시설계는 기존의 도시건설 요소가 추가되었다는 점에서 평가를 해야 한다. 여기에서 말한 기존의 도시계획의 모델은 1920년 후에 발생한 것이다. 특히 제2차 세계대전 후에 나타난 슈퍼블릭이라는 용어는 근린주거지역 기법으로 주로 영어권 국가들에서 유행이 되었으며, 마이크로라욘이라는 용어는 동구권 국가들이 사용하였다. 이 마이크로라욘은 후에 사회주의적 근린주거지역으로 발전

---

4) Ernst Kanow: Kegler 2015, 317면 이 두 사람은 1955년 이후 함흥에 부임했으니 저자와 안면이 없었음.

하였다. 이것이 도시계획의 기본기법으로 되고, 주거지구에는 일상생활에 필요한 근린시설이 동반되었다.[5] 이 근린주거지역 형성문제는 대도로와의 연결 문제와 맞물려 DAG 내에서 논쟁이 생긴 것이다. 그러므로 함흥시 도시계획은 당시 동구권 국가의 도시계획 전환기 중에 생긴 산물이다. 1950년 후반기에 제기된 동구권 국가 내의 건설 공업화를 거쳐 현대적 도시계획으로 발돋움하는 시기였다. DAG 도시계획팀 중에서 사상적인 구상파와 공정한 현대파 사이에 치열한 논쟁이 있었다. 구동독에서는 아이젠휘텐슈타트(Eisenhüttenstadt)시 계획을 넘어 호이예스베르다(Hoyerswerda)시 계획의 경험이 이 현상에 해당된 실례이다.[6]

우선 의미있는 자료정리와 그에 대한 평가사항이 이 책의 선결과제였다. 때문에 최종적인 결론을 위해서는 북한이 관련있는 해당자료를 공개하기를 기다리고 있다. 그러나 나는 이 자료의 과학적인 정리와 동시에 구동독 DAG 참여인력들의 사업 방법과 그들의 도시설계 계획사업에 대한 해설을 하는 것으로 의미를 부여하고자 한다. 나아가 북한의 재복구사업과 관련하여 포괄적인 도시계획 역사의 첫 거름이 되고자 한다. 또한 이 책이 당시 세계적으로 연결성을 중요시하는 동구권 국가의 도시계획의 흐름과 함흥시 도시계획의 연결성에 대한 기초적인 연구자료를 제공했으면 하는 바람이다. 한국전쟁 후의 북한의 도시계획에 관한 연구는 아직 시작단계이다. 따라서 이 책은 다음 같은 연구과정의 기초가 될 것이다.

---

5) Goldzamt 1974, 229-231면과 Lammert 1979, 44면에서 1950년대의 "사회주의적 근린주거지역"이 정리되고 있다. 근린주거지역은 물질적면과 문화적면의 일체성에 있다. 따라서 필요한 주택외에 일상생활에 필수적인 물질적, 문화적면과 교육체제와 휴가에 필요한 시설이 완비되는 것이다.

6) Lammert 1979, 43-44.

이 책은 다음 같은 사업을 연구한다.

1. 어떤 도시의 계획적 · 설계적 기반이 함흥시와 흥남시 설계의 토대가 되었는가? 구동독의 도시계획의 제16개 기본조항을 DAG 도시설계진이 준수했는지,[7] 이 기본조항에 소위 사회주의적 도시계획 기법이 잘 결합되었는지, 그리고 그 기본조항이 구동독의 재건건설계획으로 1955년[8]까지 계승되고 있는지 살펴보고자 한다. 이 16개 기본조항은 중요한 공공기관 건물과 경축일에 정치적 시위운동과 퍼레이드가 가능한 "정치적 권력 중심" 기능을 할 수 있는 광장을 요구한다. 즉 도심에 중요한 정치적 공공기관 건물과 문화시설이 배치된다. 그러나 개별적인 건물의 건축성은 "내적으로는 민주주의적이며 외형은 민족적"이어야 된다. "민족의 과거 역사에서 진보적인 전통을 찾아야" 한다는 것이다. 이것이 당시의 구동독의 전문용어였다. 구동독의 파괴된 도시의 재복구를 위해 1950년 7월 27일에 "16개 조항"이 구동독 내각의 정령으로 선포되었다.[9] 이 정령조항에 따라 1955년 5월부터 동년 7월, 즉 3개월 동안 함흥시 도시기본설계를 완성하였다. 대지는 국가소유이니 도시설계가들은 자유롭게 마음대로 설계할 수 있었다.

2. 사회주의적인 자세로 마련된 함흥과 흥남시 재복구 계획에서 유럽식 도시계획 문화가 당시 북한 사회에 적응될 수 있는가 하는 점에

7) 나중에 "16조항"이라고 칭함.

8) Topfstedt 1988, 10면: 1950년에 선포된 "도시계획 제16조항"은 1955년까지 동독 사회주의 도시계획에서 큰 역할을 했으며 드디어 1960년대에 다른 도시계획에 보충도 되고 후에 교체되었다

9) 참고: Durth, Duebel, Gutschow 1998, 173면.

대해서 의문시되었다. 그러나 이 기본계획을 실행하기 전인 1953년에 스탈린이 사망함으로써 소련과 당시 동구권 국가에 엄청난 변화가 발생하였다. 이 현상의 자취가 구동독 DAG의 함흥시 도시설계에도 영향을 끼쳤는지에 대해 톱스테트(Topstedt)[10)]가 비평한 바도 있다. 앞으로 전문가의 연구가 필요하다. 함흥시 도시설계가 사회주의적 신고전주의인지 혹은 현대적인 혼합된 형식인지 의문이 생긴다. 시기적으로는 함흥시 도시설계는 스탈린의 사망 후였으며 이미 스탈린 반대운동이 시작된 소련공산당 제20차 당대회 시기와 맞물려 복잡한 정치적 분위기였다. 함흥시 도시설계에 직접적인 영향은 없었으나 DAG전문가들의 문건에 의하면 이것이 정기(精氣)가 떠도는 것과 유사했다는 것이다. 당시 소련이 중공과의 정치적 긴장상태였음으로 1964년까지 계획했던 구동독 함흥시 도시설계가 1962년에 갑자기 중단되었고, 동독 정부는 이에 대한 보도를 금지하였다.

3. 1955년 DAG의 함흥시 도시계획에서의 "근린주거지역 기법"의 활용은 미국인 클레렌스 페리(Clarence Perry)의 근린주거지역론(Neighborhood Unit)에 기원이 있으며 영국 뉴타운(New Towns) 기법을 거쳐 1945년 후에 근린주거지역 기법 발전을 동구권 국가들에서[11)] 볼 수 있었다. 또 1970년대에는 나의 한국방문 시에 한국에서 이 기법이 시행되고 있음을 볼 수 있었다. 한국에서는 제2차 세계대전 후 미국에서 유학한 도시건축가들이 이 기법을 활용하여 많은 "신도시"를 설계하며 건설하였다. 북한의 함흥시 도시설계와 한

10) 참고: Topstedt 1988, 10-11면.

11) 참고: Delfante 1999, 215-216 쪽, Durth, Duebel, Gutscow 1998, 500-504쪽. 이곳에 근린주거지역(소구역)의 발생 과정이 자세히 설명되고 있다.

국의 신도시 설계가 이루어지는 역사적인 평행성을 포착하여 현대적 입장에서 분석하고 한국의 장래발전에 도움이 되도록 연구하여야 한다. 여기에서 가장 주목하고 관심을 가져야 하는 것은 이 같은 도시계획 논쟁이 분단된 나라에서 시작되었으며, 게다가 한쪽은 고립된 나라라는 것이다. 추후 통일을 준비하는 입장에서 이 도시계획의 발전성에 대한 토론과 준비가 필요하다. 구동독 DAG 참여인력의 발언과 나의 기억은 함흥시 도시설계와 관련된 논문과 문헌을 통해 연구와 확인이 필요하다. 우선 이 책에서는 DAG의 도시계획을 과학적으로 정리하는 데 있다. 동시에 DAG 도시설계가의 사업방식을 설명하는 데 주력할 것이다. 이에 해당되는 나의 제의는 맺음말에 기술한다.

1. 연구자료 출처와 제목에 대한 다른 연구 현황

1966년에 프란크 뤼디거 씨의 논문 제목으로 "독일과 북한 – 1954년부터 1962년까지의 함흥시 재복구"가 출판됐다. 바우하우스 데사우 문고에 있는 전체 도시계획 자료를 시대별로 자세히 정리한 출판물이다.

2010년에 리아나 강(Liana Kang)의 "복종관계와 안전에 대한 북한의 순행(循行)"이라는 논문에서 함흥 재복구에 대해 간단히 언급하고 있다.(Kang 2010–252쪽)

2014년에 라이너 도르멜(Rainer Dormel) 씨의 수필, "새로운 행정기관, 공업발전과 역사 발전", '북동의 중심인 함흥'이라는 제목으로 수필이 발표되었다. 동구권 국가의 원조 프로젝트 설명에도 DAG 재건이 간단히

소개되었다

함흥재건자료를 순서적으로 정리한 뤼디거의 서적과 나의 논문은 유기적인 연계성이 있다. 이 책의 출발점은 구동독의 도시계획팀의 도시계획을 중점으로 하고 있다. 도시계획 도면의 원본을 살펴보면, 소련의 건축과 도시계획 기법과 유사한 점이 있다.

구동독 DAG의 베트남 빈(Vinh)시의 도시계획은 DAG 초안의 "청사진"이며, 한스 그로테볼(Hans Grotewohl) 건축가의 지도하에 근린주거지역 기법이 다시 실행되었다는 것을 볼 수 있다.[12] 이것은 구동독 DAG 설계가들이 함흥시 도시계획 사업 후에 전쟁으로 파괴된 베트남의 도시를 어떻게 원조했는지를 현실적으로 알 수 있다.

2. 체계적인 접근 방법

이 책의 중요 목적은 현존하는 함흥시 도시설계자료와 증인들의 진술내용을 종합하여 비판적으로 검토하는 것이다. 동시에 한편으로는 실제적인 연구와 역사적인 자료 출처를 정리하고, 다른 한편으로는 현존하는 증인들의 경험과 문헌들로 내용을 더 풍부하게 하고 확대하는 것이다.

나는 1955년 초, 구동독 DAG 도시계획팀이 사업을 시작했던 당시에 전문통역관으로 참여했다. DAG의 도시계획가였던 게르하르트 슈틸러(Gerhard Stiehler)가 1955년에 1년간의 함흥 체류 일기를 썼다. 나는 허락을 받아 그의 일기를 참고하여 이 책에 반영하였다. 그 외에 독일 비스

12) 2016년 6월20일 한스-울리시 뫼닉 교수(Hans-Ulrich Mönnig)와 통화 함.

마르(Wismar)의 마티아스 슈베르트(Matthias Schubert) 교수는 함흥시 메디컬센터(Medical-Center)를 설계한 분이고, 베를린의 아르놀트 테르페(Arnold Terpe), 베르너 클라우스 페터(Werner Claus-Peter), 라이프치히(Leipzig)의 요하네스 슈로트(Johannes Schrot)는 건축가로 함흥 복구사업에 참가했다. 그들의 인터뷰도 이 책에 소개했다. 아직 미공개 문헌으로 바우하우스 데사우(Bauhaus Dessau)문고에 있는 함흥설계도면은 차후에 도해(圖解) 문건으로 검토될 것이다. 역시 추가적으로 60년 전의 함흥시 건물 사진들을 다소 소개했다. 그 외에 나는 독일, 한국, 북한의 도시계획 전문가 모임을 서울에서 추진하자는 제의를 한 바 있다. 2013년에 함흥시 도시계획에 관한 특강을 한국의 5개 대학에서 진행했었다. 이에 대한 설명을 맺음말에 소개했다. 인용가치가 많은 여러 함흥시 설계 원본 설명서들을 첨부했다. 이 설명서에서 도시계획 기법의 여러 사상적인 유래가 뚜렷이 나타나며 구 소련의 건축, 도시계획 구상을 알 수 있다.

함흥시, 흥남시 도시계획을 더 명료하게 설명하기 위해 베트남의 빈(Vinh)시 도시계획을 부록에 간단히 소개했다. 여기에도 역시 구동독 DAG 전문가들이 참가한 것이다.

제2장

함흥시 프로젝트의 배경과 주변국의 지정학적 조건

Hamhung/Hungnam / Reconstruction
DAG / Dong-Sam Sin

Bezirk Hamdshu
Songdzongang-Fluss
Palnjonsan-Bergzu
Manse-Bruecke

1. 국제정치적 긴장 속의 한국[1)]

1950년대에 한국은 냉전에 조준(照準)됐다. 수백 년 전부터 한국은 외세의 강한 영향력에 대한 도전을 받았다. 특히 중국은 종주국으로서 한국을 속국으로 삼으려는 강렬한 정책을 유지해 왔다. 이러한 관계가 중국과 일본의 관계에도 영향을 미쳤다. 그러나 19세기에 일본은 중일 전쟁에서 승리하고 한국을 지배하게 되며 일본의 세력하에서 한국은 여러 항구가 외국에 개항되고, 한국의 유교적 봉건사회 제도가 몰락하게 되었다.

결국 1910년 일본은 한국을 병합하였다. 한국은 일본의 식민지가 되었고, 총독부가 설치되고, 일본 정부가 임명한 총독이 한국을 마음대로 통치하였다. 이런 시기를 한국에서는 일제강점기라고 부른다. 일제강점기 동안 1937년에 일본은 중국에 대한 침략전쟁을 시작했고, 1941년에 미국과 영국에 대해 선제공격의 선전포고를 했다. 이것이 소위 말하는 제2차 세계대전의 일부인 태평양전쟁이다. 1945년에 결국 일본은 패망하게 되고 한국은 일본의 지배에서 벗어나게 됐다. 그런데 불행하게도 한국은 북부에 소련군대, 남부에 미국군대가 일본군의 무장해제를 하게 되었다.

---

1) https://ja.wikipedia.org/wiki/朝鮮戦争
바그너, 헬무트(Wagner, Helmut). 2009: 1950년의 한국동란. 의사결정 이론에서의 분석과 가설 http://www. De/집안일/주제/예고편/144198. Html: 한국 공황 1950년을 세계 공황으로. 공황의 원인과 경과. 스미스, 잿크(Smith, Jack), A. 2013: 미국과 북한 사이의 아우성. http://반전(反戰). com/시사문제/2013_04_. html

이어서 한국은 미군의 군정(軍政)하에 들어가게 되고, 북한은 소련군이 공산주의자를 주축으로 하는 인민위원회를 조직하여 간접적으로 군정을 실시했다.

한편 1945년 12월에 미국, 영국, 소련의 외상(外相)들이 모스크바에 모여 전(前) 일본의 식민지에 대한 처리를 의논하던 중 한국문제에 대해서는 남북한에 미군과 소련군이 주둔하는 것을 용인하며 우선 한국을 신탁통치하는 안을 결의했다. 그후 한국에 주둔하는 미군사령부 대표와 북한에 주둔하는 소련군사령부 대표 간에 미소공동위원회를 두고 한국에 통일된 임시 통치체제를 협의하였으나 의견의 차이로 협상은 결렬되고 말았다. 결국 한국에는 UN의 결의안에 따라 1948년 8월에 한국 단독 정부가 수립되고, 미군은 한국에서 500여명의 군사고문단만 남겨놓고 완전 철수했다. 1개월 후 북한에서도 북한 단독 정부가 수립됐다. 소련군 역시 군사고문단만 남겨놓고 철수했다. 그러나 한국 정부는 자유민주주의 이념을 기반으로 했고, 북한 정부는 공산사회주의 이념을 기반으로 했기 때문에 남북 간에 극단적인 이념 차이가 생겼고, 정치적 대치상태가 시작했다. 그러던 중 1950년 6월에 북한이 무력으로 한국을 통일하려는 의도를 갖고 전쟁을 일으켰다. 소련이 제공한 200대의 탱크와 다수의 전투기를 앞세워 3일 만에 한국 수도 서울을 점령했다. 이에 맞서 미국은 UN안전보장이사회를 동원해 UN군을 조직하여 북한군의 전진을 반격하는 전쟁에 개입했다. 동시에 북한군이 38선 이북으로 철수할 것을 종용했다. 그러나 북한군은 무력통일의 의지를 꺾지 않고 낙동강과 대구시 북방지역 근처까지 밀고 내려갔다. 미국은 이런 북한군의 진격을 융단폭격과 압도적인 전차 부대, 기타 화력, 그리고 보강된 한국 국군으로 막아냈다. 결국 북한군은 낙동강 유역에서 패망하고 철수했다.

그러는 동안 미군은 제2차 세계대전 때부터 써오던 전쟁능력을 분쇄하기 위한 작전, 즉 후방 군수시설을 파괴하는 전략을 쓰기 시작했다. 이때에 흥남공장시설은 B29 폭격기와 미해군 항공모함 함재기에 의해 파괴됐다. 기타 북한지역의 산업시설, 철도망, 항만시설 등도 파괴됐다. 사실 북한은 전쟁을 일으키기 이전에 기존에 있던 산업시설로 부유하게 살 수 있었다. 흥남비료공장에서 생산되는 비료만으로 북한의 내수를 충족할 수 있었던 것은 물론이고 태평양전쟁으로 침체된 외국지역에 수출하여 돈벌이도 할 수 있었다. 그런데 일본이 남기고 떠난 동양 최대의 흥남공장지대가 한국전쟁 초기에 무참히 파괴됐다.

소련의 수상 스탈린은 김일성이 무력으로 한국을 통일하겠다는 제안을 매우 조심스레 여러 가지 조건을 붙여 마지못해 허락했다. 스탈린이 가장 염려했던 것은 미국의 참전이었다. 그래서 스탈린은 김일성에게 중국 모택동 주석이 북한을 돕겠다는 약속을 받아오면 한국전쟁을 허락하겠다는 조건부 약속을 김일성에게 했다. 김일성은 모택동 주석으로부터 받은 서한을 왜곡하여 스탈린에게 보냈다. 스탈린은 한국전쟁이 확대되더라도 소련은 미국과 전쟁을 하지 않고 중공군으로 대리전쟁을 할 심사였다. 스탈린은 자신의 염려대로 미국이 전쟁에 참여하자, 휴전을 제안했다. 한국전 개시 1년 후인 1951년 6월에 소련의 UN대사 마리크가 UN에서 휴전을 제의했다. 그해 7월에 남북 군사 대표자가 개성에서 휴전협정회담을 시작했다. 회담 초기에 양측의 주장이 크게 상반됐다. 결국 2년 후인 1953년 7월 27일에 휴전협정을 맺었다. 한국전은 3년 1개월만에 승자는 없고 남북 모두가 인명과 재산 피해만을 입고 종결됐다. 더 많은 인명과 재산피해를 입은 쪽은 북한이었다. 미국은 신예무기로 전쟁했고 북한과 중공은 재래식 무기로 전쟁했기 때문이다. 2년씩이나 끈 휴전협정의 쟁

점은 한국에 있는 북한군 출신의 포로 문제였다. 북한과 중국 포로 중에는 북한이나 중국 본토로 돌아가지 않겠다는 사람이 많았다. 그런데 북한은 국제 포로협정에 의해 돌려보내야 한다는 주장이고, 미국은 인도주의에 입각하여 보낼 수 없다는 주장이었다. 이런 두 주장 차이를 협상하는 데 2년이 걸렸다. 그러는 동안 북한 전역은 초토화됐다. 한국전쟁 동안 미군이 한국에 떨어뜨린 폭탄량은 미군이 태평양전쟁 동안 일본에 떨어뜨린 폭탄량의 3.7배나 됐다. 이런 폭탄은 주로 전선과 북한 내지(內地)에 떨어뜨린 것이다. 이런 폭탄의 반 이상이 휴전협정을 진행중인 2년 동안에 발생했다. 북한은 휴전협정을 2년간 끌어서 자국의 초토화를 초래한 셈이 됐다. 2년간 끌어온 휴전협정은 한국의 이승만 대통령이 미군 몰래 한국군 헌병대를 동원하여 소위 말하는 반공포로를 수용소에서 방출함으로써 타결됐다. 이렇게 한국전쟁 3년 동안에 초토화된 함흥시를 재건해 주려는 동독 함흥시 재건단의 활동이 휴전협정 1년 수개월 후에 시작됐다. 이 책의 중요한 취지는 그 동독 재건단이 함흥시에 와서 어떠한 재건사업을 했으며, 어떠한 실적을 남겼는가를 설명하는 것이다.

2. 북한과 구동독과의 관계[2)]

20세기 중반에 들어서 비로소 서구진영은 한국을 알게 되었다. 한국은 수백 년 전부터 고립된 왕국이었다. 1910년 한일합병 이후에는 강제적으로 고립정책이 끝났다. 일본은 자기들의 군비확장에 필요한 공업을

2) 참조: 프란크 뤼디거(Frank Rüdiger), 1996년, 함흥시 재건 1954/62. 4/6 면.

북한에 건설하기 시작했다. 북한에 매장되어 있는 다량의 지하자원을 이런 군수공업에 투입한 것이다. 또 북한 고지대의 풍부한 강물을 이용하여 수력발전소를 건설했고 그 대신 한국은 곡창(穀倉)이 되었다. 제2차 세계대전 후에 전승국인 미국과 구 소련에 의해 한국은 38선으로 분단되었다. 1940년대 후반에 한국에는 자유민주주의를 기반으로 하는 정부가 수립됐고, 북한에는 공산주의를 신봉하는 정부가 들어섰다. 1950년에 북한이 전쟁을 시작하여 3년간 형제싸움을 하다가 1953년에 휴전협정이 체결됐다. 그 후 여러 가지 정치적 이유로 오늘날까지 평화조약이 체결되지 못했다.

한국전쟁 때 구동독은 물자뿐만 아니라 현금까지 북한에 원조했다. 동독은 공산권 국가의 단결을 위해 이런 원조운동을 요란하게 전개했다. 동독은 제2차 세계대전에서 크게 파괴된 데다 전쟁 후에는 구 소련이 공장설비 해체 등으로 전쟁 배상을 받아갔기 때문에 매우 궁핍한 상태에 있었다. 그럼에도 불구하고 북한을 지원한 데 대해서는 높이 평가할 만하다. 1950년 9월 동독에 창건된 국민전선의회의 "한국지원회"는 스스로 지원물자를 모으고 구입하여 북한으로 보냈다. 1952년 3월까지 120만 동독화(貨, DM)만큼의 금액을 함흥시 재건지원금으로 모았다. 또 약 150톤의 의약품과 444톤이나 되는 지원물자를 54회에 걸쳐 수송했고, 2량의 환자후송차도 북한에 보냈다. 12량 내지 53량의 철도화차로 수송했다.

북한에 대한 구동독의 지원내용은 4회에 걸친 물자공급협정의 체결로 이루어진 것이다. 여러 공업시설과 600명 고아 수용, 286명의 학생 수용, 함흥시 재건, 1개 연대위원회, 독일 적십자사의 지원과 농업 과학 아카데미의 토질검사 실험실의 지원 등이 포함됐다. 그 외에 1957년까지 600회선의 접촉이 가능한 자동 전화국을 건설했다. 구동독은 북한의 건국선언 한 달 후에 외교 관계를 맺었다. 1949년 11월 6일에 북한 정부가 이런 요청을 했던 것이다. 한국전쟁이 휴전된 1년 후인 1954년에는 두 나라 간에 대사 교환이 있었다. 구동독 오토 그로테볼 국무총리가 아시아 순회방문 때인 1955년에 북한을 방문했다. 이에 보답하여 김일성 주석은 약 6주간의 일정으로 구 소련과 기타 유럽 여러 나라를 방문했다. 김일성 주석은 구동독의 첫 방문시 자본과 물자지원을 요청했다. 이 해에 과학기술에 대한 경제협력조약과 전신전화에 관한 공동사업에 관한 조약을 맺었다. 그 외에 물자공급에 대한 두 개 보충조약이 같은 해 11월 14일에 체결됐다. 1954년에서 1956년까지의 물자공급에 대한 조약이 1953년 10월 6일에 베를린에서 역시 체결됐다. 제4차 지원조약으로써 디젤엔진공장 시설 하나, 인쇄 콤비나트(Комбинат), 그리고 콘크리트공장 시설 등을 공급하기로 결정했다. 드디어 구동독은 동아시아의 형제 나라인 북한에 광산업과 기계공업에 대해 기술지원을 하기로 했던 것이다.

두 나라 사이에 경제적인 관계가 돈독해졌다. 이것은 구동독의 전폭적인 지원을 의미한다. 북한의 부족한 외화보유로 인해 물자의 가격치(値) 환산이 동등하지 못했다. 따라서 재정적 환산이 불가능해 물물교환이 되었다. 1955년의 구동독이 북한에 준 원조금액은 약 8천만 루벨이었고, 1956년에는 약 6.7천만 루벨, 1957년에는 7.1천만 루벨이었다. 1964년까지의 총지원액은 약 54.5천만 루벨이었다. 이 쌍방의 상업거래는 지원물 공급과 대등하게 전개됐으며 결국은 두 사회주의 국가 간의 여러 문제를 해결하는 데에 이바지하게 되었다.

구동독은 오로지 첨단기술만 공급했고 대신 북한에서 원료와 농산물을 받게 되었다. 이 교환비율 관계는 구동독에 불리하였다. 1955년 10

월에 구동독 공급액이 1천만 루벨이었던 것에 비해 북한 공급액은 5백만 루벨에 불과했다. 1958년대에 북한 상업실적은 비교적 정상화됐다. 1957년 2월 22일 양국 간의 체결한 협약내용은 1958년부터 1961년까지의 구동독에 대한 북한의 담배 수출문제였는데 구동독 내에서도 다량의 담배가 생산됨으로 담배 수출은 거절당했다. 그럼에도 불구하고 후에 북한은 90톤의 담배를 수출하게 된다. 북한 내에서 소비하지 않는 광석과 식료품 기름을 구동독에 수출하려 했으나 거부당했다. 이것과 동시에 동서 독일 내의 상업교류조약이 해약됨으로써 양국의 상업교환량은 50%나 감소되었다. 이 난관에 봉착한 구동독은 북한으로부터 0.4톤의 금(金)과 2톤의 은(銀), 그 외 여러 광석물을 공급받았다. 북한은 많은 가공된 금속제품을 수입하는 데에 집중했고, 차후에 구동독에 지하자원을 수출하는 일은 제한되었다.

프란크 뤼디거 씨는 구동독이 북한에 대해 재건지원을 한 것은 일방적이었다고 지적했다. 당시 북한주재 피셔(Fischer) 대사는 로타르 볼츠(Lothar Bolz) 외무부장관에게 보낸 편지에서, 북한 사람들은 구동독이 부유한 나라이기 때문에 원조받는 것을 당연하게 생각했다. 따라서 동독의 과도한 그런 지원을 하지 말라고 건의했다. 또 동독은 서독보다 세계적인 단일대리(單一代理) 청구경쟁에서 더 효력적이라는 것이다. 청구는 누군가가 구동독이 북한에 대한 대부 보증과 재건지원을 중지할 시점에 도달하여 1956년 6월 12일의 특별 중앙당 중앙위원회 회의에서 구동독 지원사업이 결정된 날짜까지 수행할 수 있으며 이 지원사업을 연장할 수 없다는 서한을 상호경제협의회RGW[3](당시 유럽 동맹(EG)의 동구권 국

3) 냉전당시 "상호경제협의회(RGW)"는 동부진영의 조직체였으며 서부진영 EG의 상대 조직체였다.

가진영 상대조직)에 송부하라고 한 직원에게 위탁했다는 것이다. 1960년 11월에 오토 그로테볼 국무총리는 자국의 경제난으로 북한에 대한 지원을 중지한다고 북한 김일성 주석에게 통지했다.

1962년 9월 18일에 구동독 정부대표단이 독일 함부르크(Hamburg)의 한 교량 준공식에 참가했던 날에 위 조약이 결정되었다. 그리하여 1952년에 시작된 구동독의 북한 물자지원 사업은 종결됐다.

1955년 1월 27일에 양국은 과학 · 기술적 공동사업에 대한 조약을 체결했으며 1956년에 이 사업 목적에 대해 합의했다. 이에 구체적인 실천사항으로 구동독은 북한에 광산업, 화학공업 공장의 재가동사업, 야금공장 설치와 많은 북한 기술견습공들이 독일에 초청되었다. 1963년까지 125항목의 기술 · 과학협정이 체결됐으며 그중에 110개 종목은 북한의 관심사이며, 15개 종목만이 구동독의 관심사였다.

1952~1956년까지 600명의 북한 고아(80%는 남자)와 357명의 대학생(10%는 여성)이 구동독에 파견됐다. 이것은 구동독의 투자로 46가지 직종과 자연과학 전문부문 인사들이 양성되었다. 이것은 전(全) 외국 유학생의 37%에 해당되었다. 북한 유학생들의 서구진영으로 도주하는 것을 예방하는 수단으로 독일주재 북한대사관은 구동독에 체류하는 모든 북한 사람들의 베를린 방문을 금지했다. 하지만 1958년까지 11명의 북한 사람이 서구 자유진영으로 도주하였다. 여러 북한 유학생들은 유학시험에서 자기들의 출신성분 -빈농, 노동자, 농민- 을 속였다. 1958년에 북한 정부는 이에 대한 조사를 했다. 그리하여 그 이후 약 3분의 1이나 되는 학생들이 구동독으로 유학하기 어렵게 됐다.

1959년에 북한 유학생들의 여행비용과 체류비용을 북한 정부에서 담당하게 됐으며, 그 때문에 유학생 수가 줄게 됐다. 1962년의 소련과 중국의 정치적 마찰로 중국과 알바니아를 제외하고 다른 외국에 체류한 북한 사람들은 귀국해야만 했다. 그리하여 독일 대학에서는 예외 졸업시험을 실시하여 다소 학업 기간을 단축시켰다. 이 특별 소환에는 이미 독일 여성과 결혼하고 가정을 꾸린 유학생들도 포함되었다.

북한 사람들은 독일에서 독일인과 사귈 수 있었고 또 국제결혼도 가능했으나 양국 정부는 공식적으로 원하지 않았다. 그러므로 동독 여성과 결혼했던 젊은 사람들은 관계를 끝내고, 강제 이별을 해야 했다. 양국 간의 국제결혼으로 약 25~30명의 혼혈 후세들이 생긴 것이다. 몇몇 독일 여성들은 남편을 따라 북한에 간 사람도 있었다. 반면에 20명이나 되는 북한 유학생이 서독으로 망명했다. 최종 보고서에 의하면 북한에 돌아간 유학생들은 고위급 자리에 채용됐다고 한다.

3. 도시설계팀장 콘라트 퓟쉘과 동독 건설 아카데미 동료들

1955년 4월 초에 베를린주재 북한대사관에서 나에게 함흥시 재건단의 전문통역으로 함흥에 가라는 통지가 있었다. 베를린 쇤펠트(Schönfeld) 공항에서 제1차 도시계획팀장 콘라트 퓟쉘, 제2 팀장 페터 될러, 건축가 게르하르트 슈틸러와 함흥시 제1 재건단장 여성비서인 왈리(Walli)와 합류했다.

원래 4인용 평양행 열차 객실이었는데 우리 8명은 두 방 대신 한 방을 나누어 쓰게 됐다. 나는 우연히 왈리 여비서와 한 침대에서 지내게 되어 참 불편했었다.(한 침대에 두 사람씩 자게 됨)

저자가 7년 만에 가족을 상봉할 때 모스크바에서 선물로 구입한 독주 보드카를 기차 칸에서 독일 기술자들과 한잔 두잔하면서 전부 마셔버렸다. 결국 동행하던 페터 될러(Peter Doehler) 씨가 나에게 자기 보드카를 넘겨주었다.

제1차와 제4차 도시설계팀장 콘라트 퓟쉘의 이력서

- 1907년 4월 12일 출생.
- 베른도르프/그라하우(Werndorf/Glauchau) 부친은 신부소학교
- 고등학교 졸업 후 목수 직업을 배움. 여러 건설현장에서 일을 하고 새로운 글라우하우어(Glauchauer)역 건설에 참가하고 또 많은 가구 제조에 종사했으며 추가로 2년제 수공업교육을 받고 1년제 학습으로 장인(匠人) 자격증을 취득했다.
- 1926~1930년까지 데사우 바우하우스(Dessau Bauhaus) 공예학교에서 공부함. 1920년대 유명했던 에르빈 피스카토르(Erwin Piscator) 연극 감독의 주택 가구설계에 참가함. 동시에 퀸(Koehn) 건축가와 뮐러(Müeller) 교육 참사관에게서 건축 구조학, 건축 공정학과 건축 자재학을 배웠다. 카를 피게르(Carl Fieger) 건축가에게서 제도술을 배운 후에 데사우 되르텐(Dessau-Toerten)의 주택건설과 이 도시의 총계획도 설계에 참가했다.
- 1930.10.15.에 제21회 바우하우스 졸업장을 취득하고 하네스 마이어(Hannes Meyer) 건축가의 초대로 1930년에 구소련에서 학교건설, 기술학원 건설과 도시계획설계에 종사했다.
- 독일 나치 집권 직전인 1932년에 그의 부인도 구 소련에 도착했다. 견습생이었던 그 부인은 모스크바 로모노쏘브대학의 의학부에 입학 준비를 했다.

- 1937년에 독일로 돌아옴: 건축가로, 현장 감독 그리고 메르세부르크(Mersrburg) 지소의 책임자로 근무했다. 구 소련에 체류했다는 구실로 마이스터 앤 위벨(Meister&Uebel) 사에서 해고당함. 나치 비밀경찰의 조사를 피하기 위하여 프로프스트첼라(Probstzella)의 건축가 알프레드 아른트(Alfred Arndt) 건축연구소에 취직했다.
- 1940년에 입대하여 북아프리카, 이탈리아 시칠리아와 동부전선에 파견됨.
- 1944년 폴란드의 수도 바르샤바 전투에서 소련군의 포로병으로 됨.
- 포로수용소 강연에 종종 참가하여 파괴된 도시재건의 필요성을 느낌.
- 1947년에 독일로 돌아옴.
- 1948년 5월에 독일 바이마르대학 도시/지방 설계학부에 재직함. 그 후에 하센플루크/헤르만 뢰더(Haassenpflug/Hermann Raeder) 도

〈그림 1〉
함흥 팔천각 앞에서 구동독 도시 계획팀과 북한 건설 인력(1955), 농림 모자를 손에 든 저자(중앙)

P : 제1 설계팀장 콘라트 퓟쉘 (Konrad Püschel)
D : 제2 설계팀장 페터 될러 (Peter Doehler)
C : 하르트무트 콜덴 (Hartmuth Golden)
M : 조경 설계가 마테스 후버 (Mathes Huber)
S : 통역관 신동삼

〈그림 2〉 구동독 도시계획가들, 녹지계획가들과 북한 인력들(1955)

시지방설계 연구소에서 신농업주택 설계에 종사했다.

- 1951년에 바이마르대학의 도시계획과의 조교수가 되어 지방설계 발전에 헌신하고 이 학과의 책임교수로서 은퇴할 때까지 교편을 잡았다. 그의 조교수 시절에 단체로 파괴된 북한의 재건사업에 동원된 것이다.
- 1959년까지 함흥시 재건에 종사했다.
- 1956년부터 인접도시 흥남시 도시계획 참가로 북한 공로 훈장을 받음.
- 1959년에 독일로 돌아옴.
- 1960년에 바이마르대학 "지방계획학부"의 교사로 취임함. 그는 바이마르 공예학교를 위해 학생들과 1975~1976년까지 이 건물 크기 측량 사업을 실행함.
- 1970년에 바이마르대학의 건축학부 전임교수로 임명됨.
- 1972년에 은퇴하고 1997년에 사망함.

아래에 1991년 6월에 나에게 보내준 핏쉘 교수의 엽서를 소개한다.

"신씨(저자)는 우리 도시건설진을 왜 집에 초대하지 않았는지?"라고 불평하였다. 나는 독일 사람을 초대하기는 좀 격이 안 맞는 집이라고 생각하고 있었다. 엽서에 쓴 "아바이, 아마이"는 할아버지와 할머니를 의미하는 함흥 사투리이다.

페터 될러의 간략 이력서

- 1924년 3월 18일 출생
- 1945~1946년 벽돌공 장인(匠人)
- 1946~1951년 바이마르대학 건축학과를 졸업하고 도시계획과 조교수
- 1952년부터 구동독 건축 아카데미의 직원
- 1951~1954년 건설 아카데미 국가법학과의 통신 학습–경제학 석사
- 1956~1957년 구동독 함흥시 도시계획 팀장
- 1961~1964년 구동독 건설 아카데미 건축/도시계획 인스티튜트사(Institute director)
- 1961년 구동독 건설 아카데미에서 박사 학위 취득: 논문제목 "1만 명 이상 도시의 낡은 주택의 건축실종의 1965~1981년간의 사회주의적 개조 계획에 대하여"
- 1964~1968년 프랑크푸르트/오더(Frankfurt/Oder)시의 지역건설장
- 1969~1985년 바이마르대학 도시계획 – 건축발전학부 부장
- 1969년 도시계획 학부의 정교수로 임명됨
- 1970년 종신회원이 되고 결국 1980년에 건설 아카데미 후보회원.
- 1981~1990년 건설 아카데미 도시계획/건축부 부장으로 됨
- 1989년 은퇴함
- 2008년 4월 11일에 베를린에서 사망함

퓟쉘 씨와 될러 씨는 함흥 프로젝트에서 가장 중요한 도시설계가로 근무했다. 항상 친절한 퓟쉘 씨는 1년 후에 스포츠맨다운 될러 씨에게 팀장직을 인계했다. 퓟쉘, 될러, 그리고 게오르크 테크마이어(Grorg Tegtmeyer), 이 세 사람 사이에 전개된 함흥시 총계획도 설계 경쟁 결과 될러 씨의 설계초안을 구체화시키기로 결정했다. 그리하여 될러 씨는 함흥시 도심설계에 주력했으며 1956~57년에 인접도시 흥남시 도시계획도 겸하게 되었다. 위 세 명의 도시계획가는 구동독 건설 아카데미에서 발기한 근린주거지역 기법(본콤플렉스이상, Wohnkomplexidee)을 함흥시 도시설계에 현실화하는 과정에서 엄격하게 취급한 사연이 제3장 2. 1에 구체적으로 서술하였다.

독일 로스토크(Rostock)시 출신인 하르트무트 골덴(Hartmuth Golden) 씨는 동료들의 말에 의하면 "정치적이나 전문적 면에서 경험이 많고 호감적인" 동료라는 것이다. 그는 유태인으로 독일 나치정치를 피해 영국으로 망명했다. 구동독 건설 아카데미 도시/지방계획부에서 근무했던 게오르크 테그트마이어와 게르하르트 슈틸러와는 함흥재건사업 초창기에 재건단을 보강하기 위해 골덴 씨를 함흥에 초대한 것이다. 게르하르트 슈틸러는 함흥체류 기간에 "활동하는 국제 단합에서 국제친선으로 됨"이라는 제목으로 일기장을 기록했으며, 이것을 저자가 인용할 수 있게 됐다. 내가 1955년 말에 독일 드레스덴(Dresden) 공업대학에 다시 공부하러 갔던 관계로 차후의 함흥재건 도시설계 팀장이었던 카를 좀머러와 로베르트 레셀(Robert Ressel) 지방설계가, 그리고 에른스트 카노우와는 안면이 없었다.

Weimar, 26. Juni 1991

ieber Kim Jong Sam!

r Anruf und Brief war freu-
ge Überraschung genug, um
ea, Hamhung, Hamgyong-Namdo
d viele Erinnerungen an vergange-
Zeit wieder wachzurufen. Schönen
Dank für das Gedenken an die
gewordenen Awri und Amai.
und 79 Jahre sind für uns da-
ingegangen, viel Gutes und viel
Schweres haben wir erleben müssen.
Nun freuen wir über einen der viele
Söhne, die wir erzogen haben und
noch an uns denken. Daß Sie fest
Boden im Westland fanden ist
sicher glücklich und gut. So sollen
unsere Grüße Sie herzlich begleiten.
Wir hoffen, daß der Weg Sie einmal
in Weimar vorbeiführt, wir würden
uns sehr freuen.

Alles Gute

Ihr Konrad Püschel
u. Lilo Püschel

〈그림 3〉 1991년에 저자에게 보내준 콘라트 퓟쉘의 마지막 편지

제3장

함흥시 프로젝트의 계획

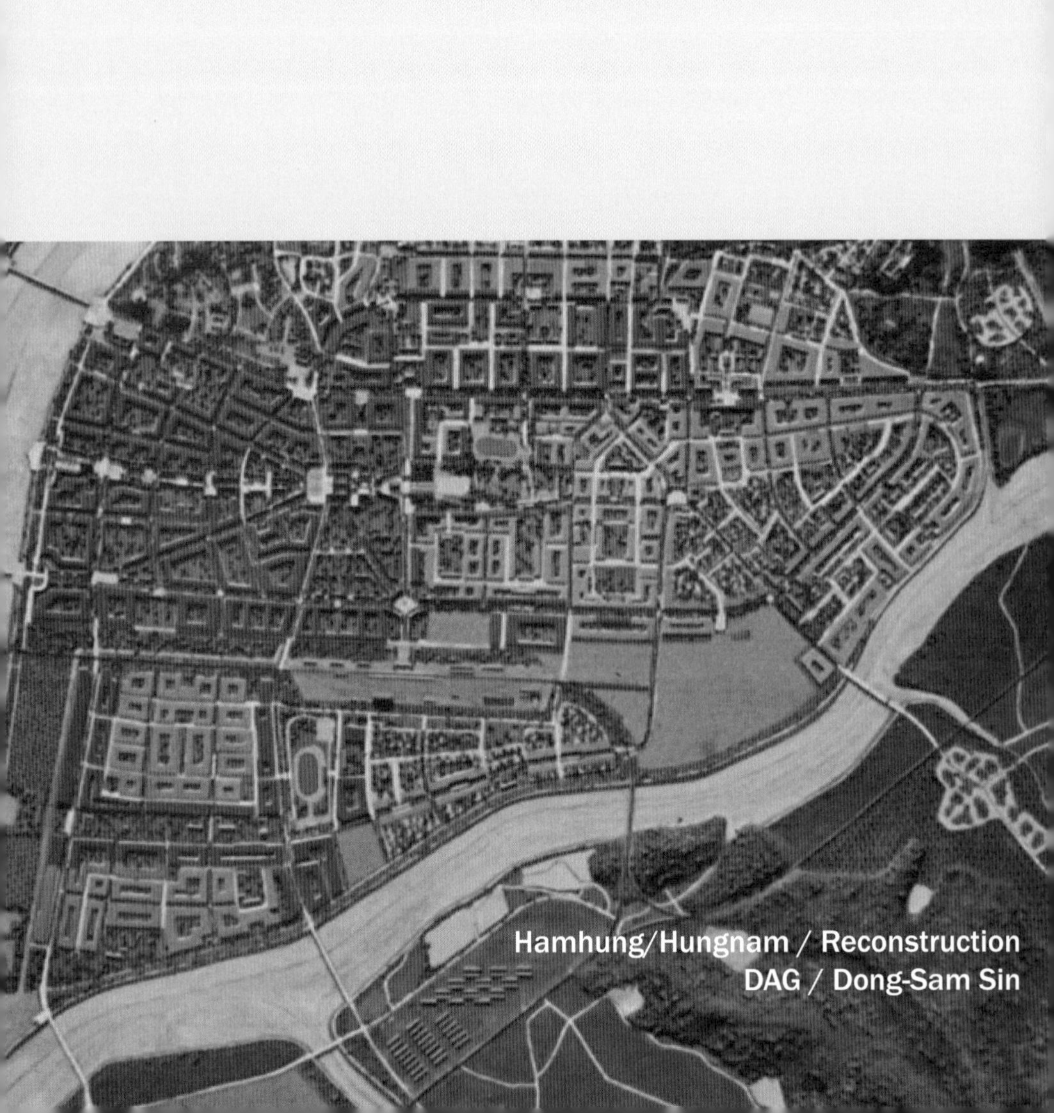
Hamhung/Hungnam / Reconstruction
DAG / Dong-Sam Sin

1. 함흥시 프로젝트의 위탁과정

북한 재건지원 결정은 1954년에 북한 외무부장관[1]이 구동독을 방문했을 때 오토 그로테볼 국무총리가 자발적으로 그리고 개인적으로 제의함으로써 시작된 것이다. 그래서 김일성은 북한 동해안[2]에 있는 함흥시를 재건해 줄 것을 요청했다. 1954년 7월 6일에 개최된 구동독 사회통일당 중앙정치위원회가 재건 지원에 대한 결정을 채택하면서[3] 아래와 같은 성명을 냈다.

> 북한의 한 도시 재건 지원에 대한 오토 그로테볼 동지의 제안을 기본적으로 찬성한다. 우리 정부와 온 국민은 한없이 감개무량하며 전쟁에서 파괴된 도시를 독일 전문가들의 힘으로 재건하기를 제네바 국제회의에 참가한 우리 대표들께 약속하신 국무총리님께 감사말씀을 드립니다……

김일성은 이런 편지를 오토 그로테볼에게 보냈다. "우리 정부는 우리나라 동해 지방의 중심지인 함흥시를 재건복구 대상으로 우선 결정했습

---

1) PA, MfAA, A 5579(1955) Ebd중, 111-114면, 240면, 매체의 공개초안.

2) SAPMO-Barch, NY 4090/481, 84면.

3) SAPMO-Barch, NY 4090/481, 84면.

니다."[4] 아래는 그 편지 내용이다.[5]

> 동해안에 있는 함흥과 흥남은 일제(日帝)가 식민지 한국 형성한 공업 중심지로써 일본이 중국을 침략하는 데 필요한 다리 역할을 한 도시이기도 하다. 이 함흥 지방의 공업은 군사적 이용가치가 컸다. 그랬기 때문에 1950년에 발생했던 한국전쟁 때에 비운(悲運)의 대상이 됐다. 미군의 폭격과 UN군 철수 때 공업시설과, 주택지의 90%이상이 파괴되었다. 정전 후 북한 정부와 노동당은 함흥과 흥남 지방의 경제와 문화적 의미를 중시하여 지대한 관심을 갖고 재건사업에 매진했다.

1) 재건과 계획에 관한 현존(現存) 조건

1910~1945년 사이 일본의 식민지 정책으로 한국내 주요 공공기관의 고위직은 일본인이 직접 관장하고 하층직에만 한국인을 채용했다. 조선총독과 도지사, 군수 그리고 면장 등까지 일본인이 대부분 차지했고 한국인은 일본인의 대리인 역할만 할 수 있었다. 이것이 결국 조선인에 대한 일본 제국주의 우둔화(愚鈍化) 정책이었다. 1945년 해방 후 북한에서 일본인들과 협력했던 많은 사람이 월남했다. 그런 상황이다 보니 1948년 수립된 조선민주주의인민공화국에는 능력있는 전문지도자가 많이 없었다. 그 실례로써 나의 고급중학교 물리 선생님이 한국전쟁 휴전 후인 1955년에 함흥시 도시계획부 부장으로 독일의 전문가를 상대하는 역할을 했다. 그의 도시계획 설계에 대한 무지로 인해 나중에 구동독 제5차 도시계획 팀장 카를 좀머러와 많은 마찰이 있었다.

---

4) 1954. 6. 1의Otto Grotewohl께 쓴 김일성의 편지, NL. 90/48, 84면.

5) Amstrong: Fratemal Sozialism 176면.

1945년 이후 북한의 간부들은 사회주의 형제국가인 소련과 중국에서 양성됐다. 구동독은 286명의 북한 유학생을 여러 대학에서 공부시켰다. 그 중 204명은 졸업장을 취득했다. 그 중 82명은 1962년 9월 27일 북한 교육부의 결정으로 학습 중 또는 졸업시험 중에 직접 처벌받고 북한으로 돌아갔다.[6] 1950년~1953년 사이의 한국전쟁은 국민경제와 국민들에게 파멸적 결과를 초래했다. 특히 북한은 미국의 네이팜탄 폭격으로 초토화됐다. 미국의 일부 장성들은 1950년 말에 한국전쟁에 참전한 수많은 중공군 보병에게 원자탄으로 대응하려는 계획을 세웠다는 이야기도 있었다.

1954년 봄에 구동독 기술진이 함흥에 도착했다. 미군 폭격피해를 입지 않은 우편국 건물에 독일인들을 위한 숙소가 마련되어 있었다. 함흥의 여성들이 볏짚으로 침대 매트리스를 만든다고 야단법석을 떨었던 일도 기억난다. 도시계획가들은 낡은 제도 책상과 의자를 임시로 사용했던 것도 기억한다. 나중에 건축가 한스 그로테볼 팀장이 독일 기술자용 숙사와 식당을 설계해 시공했으며 기술자들은 제도실에서 설계 업무를 보았다.

도시설계팀은 우선 순조로운 도시주택 건설 · 시공을 위해 함흥시 총설계도(축척 1:2000)를 작성하였다. 이 총계획 도면은 최종적으로 평양 건설부의 승인을 받았다. 이 과정은 아래 제3장 2. 1에 다룬다.

---

6) 1. AEA/한국부서: 북한 지원에 대한 구동독 소식. 1950~1962. 1. AEA/한국 부서.

① 법적근거, 재정조건

1954년 11월 1일에 동독 함흥시 재건단의 선발대가 함흥에 가서 6주간 현황조사를 했다. 그들은 1955년에 개최되는 내각회의에 제출할 안건을 위한 보고서를 작성했다. 이 조사보고서는 현존하는 함흥의 시가계획도와 북한주재 리하르트 핏셔(Richard Fischer) 대사가 준비한 자료를 참고로 하여 작성하였다. 이 보고서는 1954년 12월에 동독 내각에 인도됐다. 에리히 셀브만(Erich Selbmann)이 재건단의 제1차 단장이었고, 단원 중에는 국무총리의 아들이자 건축가인 한스 그로테볼도 있었다. 1954년 3월 11일에 북한 당국은 파괴된 6개 도시의 재건을 정령 제2번으로 결정하였다. 여기에 함흥시가 포함되었다. 1955년 1월 3일에 동독 내각의장단은 함흥재건에 대한 정령을 심의하여 같은 해에 통과시켰다.[7] 재건을 위한 보링 기계, 건설 기계, 건설 기자제, 지하 상하수도용 기계, 채석용 기계, 시멘트공장과 벽돌공장의 확충사업, 북한 노동자의 기술이전사업, 동독 기술자들을 위한 후생시설, 측량기기(器機), 건설 기계의 수리공장, 펌프연결 기계 등을 제공하기로 했다. 기타 베를린 건설부 직속으로 "조선건설부서"을 신설하는 등 총 지원액이 4백 74만 루벨(Rbl)에 달했다.

1955년 2월 17일에 결정된 동독 내각의 지원지출명세서 내용은 아래와 같다:

1955……………………………………5.24억 루벨

1956……………………………………3.50억 루벨

7) Frank, R. 1996: 동독과 북한-함흥재건. 25면,구동독 내각정령 6/10번

1957·····································3.50억 루벨

1958~1964···························350억 루벨/7년간.[8)]

② 참여 기관들

구동독 함흥시가(市街) 설계진(DAG)에는 콘라트 핏쉘 씨를 비롯하여 도시계획팀, 건축가, 기술직원, 현장 시공팀(벽돌공, 목수, 전기공 등)이 속해 있었다.

아래에 참고문헌 24에 기재된 함흥재건단의 상세한 내용을 전재한다.

> "……함흥시 재복구 사업에 가담하는 일꾼들은 함흥재건단(DAG)에 속하게 된다. 이 모임은 경제적인 과업으로 국가 예산안에 속하게 되며 국가의 예산안과 재정계획을 집행하는 "조선건설부처"의 재정으로 운영된다. 이 기관의 과업과 구조는 정관에 명기되어 있다.
>
> 구동독 함흥시 재건단은 다음과 같이 조직되었다. 지도부에 제1차 단장은 에리히 셀브만, 제2차 단장은 프룃슬러(Praessler)였고, 설계연구소의 제1차 책임 건축가는 한스 그로테볼, 제2단장은 쿠르트 빅크만(Kurt Wickmann) 다음에는 설계연구 소장으로 클라우스 페터 베르너(Claus Peter Werner) 그리고 제1차 도시계획 팀장은 콘라트 핏쉘, 다음은 페터 될러였다. 또 현장 시공팀이 있었다. 재정회계 부장은 데 로이브(de Leuw)였다. 각 팀장에게 총책임자의 대리인 기능도 부여됐다. 1956년에는 DAG 총인원이 아마 150명으로 될 듯하였다. 재건단의 가족도 일정한 범위 내에서 동반할 수 있었다……
>
> 재건단원이 독일에서 받는 월급은 그대로 "조선건설부처"에서 독일에

8) Frank, R. 1996: 독일민주주의 공화국과 북한-함흥 재건. 26면. 비교. 1955. 2. 1일에 동독 내각에서 7/17번으로 결재된 정령, 오토 그로테볼 국무총리의 유서, 90/481

있는 은행구좌로 입금하기로 됐다. 함흥 체류 중에는 무상 식사, 숙박비, 무상 병원치료, 작업 의복과 매일 16루벨식 한국 혹은 중국 환율로 지불됐다.
동반하는 가족들을 위해서는 특별한 규칙이 적용됐다. 재건단원과 가족은 한국인들이 시공한 숙소에 거주했고, 이 숙소는 "조선건설부처"에서 실내 설비를 제공한 튼튼한 숙소였다.
식품은 주로 북한 산물이었고 종종 중국에서 구매해왔다. 사용된 의복은 중국에서 교환할 수 있었다[9]……."

이 초토화된 나라는 보면 볼수록 단결심이 더 생기게 된다는 독일 사람들의 말이 있다. 예전의 여러 함흥재건단원들의 말에 의하면 제2차 세계대전 중 독일도 비참하게 파괴됐으나 북한의 초토화는 더 말할 나위도 없었다고 한다. 이렇게 재건단원들은 1955년에 전혀 새로운 나라에 온 것이다. 구동독은 지금까지 이런 대대적인 국외 프로젝트를 맡은 바 없었으며 더욱이 이같이 먼 곳에서 일하게 되는 공사는 처음이었다.

③ 초창기의 인간관계 해프닝

어떤 날에 젊은 함흥 경찰서장이 함흥재건단 회의실에 나타났다. 그는 에리히 셀브만 재건단장에게 어떤 독일 단원이 불미스러운 일이 있었다고 보고를 하였다. 한 독일인 여성 벽돌공과 한국 여성과의 불미스러운 일이 알려져 결국 독일인 현장감독은 독일로 귀환됐다.

1950년대에 우리 동독 국비유학생들은 미혼자이기 때문에 독일 내에서 적어도 3명씩 함께 외출해야 했다. 또한 학습에 방해된다고 술과 여

9) 메로(Meloh,) 동독의 함흥시 재건의 중간보고서, 동독 오토 그로테볼(Otto Grotewohl) 국무총리의 자서전 문고집, NL. 90/481,108면.

성교제는 금지되어 있었다. 그런 반면에 독일 함흥재건단원은 그런 면에서 아무 제한도 받지 않았다.

유학생들은 도덕적으로 조심해야 했지만 독일 여성과의 사이에 여러 혼혈아가 생겼으며 종종 비밀리에 결혼한 사람도 있었다. 결혼한 어느 한 쌍은 북한에 동반 귀국하면 불행하게 될 것이라면서 동반자살까지 한 사례가 있었다. 독일 베를린 출신 재건단원의 한 명은 평양 지도층의 허가를 받아 함흥출신 북한여성과 결혼하고 베를린에 같이 가서 결혼생활을 했다. 함흥재건단원들의 탈선의 예방대책으로 베를린 조선건설부처에서 직접 채용하지 않고 함흥 현지 재건단원에게 추천을 의뢰해 소개받거나 혹은 친지를 채용하기도 했다.

초창기에는 프러시아적 규율에 익숙한 재건단원들은 매일 아침 한국노동자의 정치학습이 끝날 때까지 그들의 통역관과 기타 북한 노동자를 기다려야 했다. 내가 일했던 1955년에는 북한인과 독일인 간의 관계는 점점 좋아졌다.

북한의 국비유학생 파견사업은 초창기 시작부터 원만치 않은 점이 있었다. 1952년 가을에 내가 약 20명의 북한 국비유학생들과 시베리아 횡단열차를 타고 갔을 때, 한 객차 안에서 요란한 말다툼이 벌어졌다. 알고 보니 몽골로 농학 및 축산학을 공부하러 가는 국비유학생들의 불만불평이 있었다. "다른 동료들은 문화적이고 선진적인 동유럽으로 유학 가는데, 왜 우리는 낙후한 몽골에 가야 하는가"라는 데서 나오는 불만의 목소리였다.

14일간의 시베리아 횡단열차 여행에서 그 외의 다른 사고는 기억나지 않는다. 나는 독일 라이프치히 칼 막스(Leipzig Karl Marx) 종합대학 예과에서 반년 간 독일어 공부를 했다. 그 다음에 독일 드레스덴(Dresden) 공업대학 건축과에 입학했다.

2) 현재 조건: 자연, 역사 그리고 북한주민의 인간성[10)]

① 역사

서기 7백년에 한반도는 여러 영주국들이 통합하여 통일국가가 됐다. 그러나 이 통일국가는 1945년 일본의 패망과 함께 38선으로 분단됐다. 1950~1953년 사이에 한국전쟁으로 나라의 양단은 더욱 확고해졌다. 독일 도시설계팀장 퓟쉘은 이것을 미국의 견지에서 설명한다.

그는 조선민주주의인민공화국이 오로지 식민지 정치에서 해방된 한반도의 한 나라라는 것이다. 그럼으로 북한은 "노동자 농민의 지도하에" 속히 현대화[11)]되고 있다는 것이다. 북한의 8도 중에서 함경남도는 "가장 경치가 좋고, 다른 도와는 차이가 있으며, 경제적으로 다양한 면을 지닌 도(道)"라고 설명했다. 도청소재지인 함흥은 함경남도의 "문화적 · 경제적 중심지"이며 남쪽 성천강 하구에 위치해 있는 흥남시는 공업 중심지이다. 성천강의 흐름은 이 두 도시의 관할권 범위[12)] 내에 속한다. 함흥과 흥남은 한국전쟁 시에 미군 폭격으로 초토화되었다. 그러나 이 지방이 북한의 경제적으로나 문화적으로 중요한 위치에 있기 때문에 이 두 도시의 재건이 "정전 직후"에 최우선적으로 결정되었다.[13)] 옛날부터 동해안의 적절한 기후, 상업도로, 이 비옥한 함흥평야와 같은 지형적 환경이 이민역사[14)]에서 큰 역할을 했다. 이 성천강 주변의 함흥성에 의해 함흥은 육로

10) 퓟쉘(Püschel)문고집 18401, 6면.

11) Püschel 유서 18401. 6면(퓟쉘=Püschel).

12) Püschel 유서 18401. 7면.

13) Püschel 유서 18401. 8면.

14) Püschel 유서 18401. 9면.

와 성천강의 뱃길을 관리[15]하여 상업도시로 성장할 수 있었다. 그러나 함흥은 15세기에 함경남도 도청소재지로 되었음에도 불구하고 타 지역에 영향을 미치지 않았고 큰 발전도[16] 없었다. 도시계획팀장 퓟쉘에 따르면, 외국의 자본 수입과 일본의 식민지 정책[17]으로 급속하게 발전을 이룩하였다. 함흥은 공업화와 교통망의 성장과 나란히 일본의 지배가 강화되고 경제적인 착취가 병행되었다.[18] 함흥시에 큰 개조 사업이 전개됐다. "옛 상업도시 함흥에 대도로를 개척하고 여기에 그들의 상업 시설, 은행, 행정기관, 영화관, 식당 등을 지었다", "일본인들은 새로운 함흥시를 직각 형망판(網版, 바둑판)식 기법으로 설계했다. 자연적인 지형상태는 전혀 고려하지 않은 설계였다. 북한 주민들의 의사는 완전히 무시되었다." 그뿐만 아니라 함흥 주민은 일본인 때문에 종종 이사를 강요당했다.[19] 동시에 일본인 별장이 생겼으며 도심은 현대적인 "대도시"로 변했다. 그리하여 함흥은 급속히 발전됐으며 전국적으로 유명해졌다.[20]

함흥과 달리 흥남시는 일본의 식민지 하에 여러 농촌과 어촌이 합쳐져 생긴 것이다. "확장된 공업시설"을 중앙지대에 설치했다. 퓟쉘의 말에 따르면, 이 경우에도 흥남시 주민들의 요구조건은 전혀 고려되지 않았다. "일본 대자본"의 착취를 위해서[21] 모든 것이 좌우되었다.

퓟쉘은 일본의 식민지배가 종결되고 소련군이 주둔한 것은 북한의 해

15) Püschel 유서 18401. 10면.
16) Püschel 유서 18401. 9면.
17) Püschel 유서 18401. 10면.
18) Püschel 유서 18401. 9면.
19) Püschel유서 18401. 11면. Püschel=퓟쉘.
20) Püschel유서 18401. 15면.
21) Püschel유서 18401. 16면.

방을 의미하며 이 지방의 발전에 큰 도움이 된 것이라고 한다. 때문에 한국전쟁은 미국의 침략정책이다. 그 결과로 함흥과 흥남시의 인프라 시설과 공업시설이 완전히 파괴되었다고 말한다.

그리하여 주민들의 임시적인 재건사업이 계획적인 재건사업으로 교체되었다.

② 자연적인 조건들[22)]

"민족의 생활양식을 형성하는 많은 요소 중에 토지는 한국 민족에 있어서 아주 밀접한 관계를 가지고 있다. 한국인들 대부분이 토지와 관련된 일을 하며, 토지는 한국인들에게 지속적으로 영향을 미친다. 토지와 자연에 대한 애착과 고향에 대한 애착 그리고 자신의 삶에 대한 애착 그리고 민족의식과 문화재 보존을 위해 노력하는 일이 한국인들의 뿌리에 기인된 삶이었다. 다시 말하면, 파종과 수확물에 대한 걱정, 자연의 힘과 농작물이 자라나는 것에 대한 걱정, 그리고 외적의 침입에 대한 지속적인 위협에 대한 걱정, 조각난 듯한 토지를 경작하기 위한 일상적인, 혹은 투쟁적인 노력에 대한 걱정들. 이러한 요소들이 수세기부터 현재까지 한국인들의 삶을 특징지었다.

한국인의 이러한 특징은 수천 년을 지나서 오늘날까지 잘 보존되고 있으며, 많은 지하자원이 있음에도 불구하고 19세기 말에 외국 자본이 진입할 때까지 이 자원은 산 속에 매장되어 있었으며 다만 소소한 수공업소와 원시적으로 설치된 광산들뿐이었다. 농경지인 경작지가 한국인의

---

22) Püchel유서 18402: 한국인의 생활양식. 1-6면.

기본 재산이었으며 이것으로 모든 계층의 사람들이 먹고 살게 되었다. 농경지의 정성스런 돌보기와 정기적인 관개시설이 보장되어야 한국은 부강한 나라가 될 수 있었다. 비정상적인 기후, 전쟁의 영향과 국내의 잘못된 정치수단에 따라 수확이 적어져 결국 한국사회의 발전에 불리하게 작용하였다. 한국의 상층계급은 봉건적인 토지소유 관계로 자그마한 땅에서 야단법석이었다. 토지소유권이 없는 농부들은 부농의 소작인 또는 노예로서 생활유지를 하게 됐다. 부농들은 좋은 경작지를 소유하여 얻은 많은 수확이 그들의 생활수준을 향상시켰고 아무도 침해할 수 없는 고향의 큰 행복으로 여기며 떵떵거리며 살았다. 농민적인 한국인의 기질은 자기들이 모르는, 국경 밖에 있는 땅을 탐내거나 점령하려거나 심지어 파괴하려고 하지 않았다. 한국 역사에는 인접국을 침략한 사례는 없으며 반대로 외래 침입자들을 방어한 사례만 있었다.

한국인의 이런 단결심에 관해 연구해 보면, 그들은 특히 노동하는 국민층을 존중해 왔다는 것을 알 수 있고, 한국 농민과 수공업자들의 노동방식을 알게 되며 강대국의 침입으로 인해 일반화된 생산관계 변화를 알 수 있다."(퓟쉘(Püschel)

③ 한국전쟁 후의 북한 농업

물이 많은 넓은 평야와 큰 하천 계곡, 심지어 물도 적고 기후적으로 불리한 산골짜기, 경사지, 고원은 옛날부터 한국인에게 가장 중요한 벼농사 지역이었다. 벼 재배에 중요한 것은 일상적인 관개수 설비가 전제조건이다. 경작지의 관개사업은 우연적으로 되는 것도 아니고 부농, 혹은 기타 농민들의 개인적 노력으로도 되는 것도 아니다. 광활한 평야와 하천 계곡이 연결된 큰 경작지는 잘 계획되어야 하며, 관개수 제방의 체제,

저수지, 관개수로, 배수거(排水渠) 등이 필요하다. 경작지 또는 관개수와 관련된 사람들이 관개수의 흐름과 분배에 대해 서로 합의가 있어야 하며, 스스로 함께 일하고 서로 상부상조하여야 관개사업이 가능하다. 이런 대공사를 위해서 이 관개수 지대에 속하는 부농민과 기타 농민들은 공동의 책임이 있다는 것이다. 자기들의 마을 안의 농민 혹은 지주들은 제방사업, 경작지의 단지사업, 식수, 추수와 곡식의 타작 등을 서로 함께 협력해야 한다는 것이다.

농민들은 경작지에 대한 애착이 강해, 자신들의 경작지에 대한 준비성이 놀랄만하다. 그렇지만 그들은 소작인으로 혹은 노예처럼 나라, 왕, 종교, 혹은 양반들을 위해 논밭을 갈아 풍족한 결실을 맺어도 검소하게 살 수밖에 없으며, 항상 지주에게 착취당한다.

3) 사회주의국가 도시계획 단위의 근린주거지역

① 근린주거지역(소구역)의 정리와 그 사명[23)]

공간적 하위 단위로 주택지역을 들 수 있다. 주택지역은 모든 복리시설과 일상생활에 필요한 시설은 있지만, 자동차가 다닐 수 없는 주택지역을 말하고 있다. 이러한 주택지역은 시의 도시계획에 융합되는[24)] 근린주거지역으로 구분된다.

이로써 도시설계에 있어서는 공공기관을 전면적으로 분배하고 이 근

---

23) Junghanns. K. 1954: 근린주거지역(소구역), 11면. 융한스=junghanns.
24) Junghanns. K. 1954: 근린주거지역(소구역), 11면.

린주거지역은 도시계획에서 가장 작은 조직체이다.[25] 그리하여 이 조직체는 독립적이나 전(全) 도시계획에 융합되어야 한다. 따라서 주민들에게 만족스런 일상생활을 공급하고, 특별한 문화적행사도 도심에서 해결된다. 그러나 이것은 자본주의의 독립적인 근린주거지역 기법에 해당되지 않는다. 도리어 그들은 붕괴되는 사회적인 의식을 방지하자며 소도시 내의 분위기를 대도시 쪽으로 확산시키려고 하는 것이다. 이런 방식은 "성실한 민주주의적 질서"에는 불필요하며, 이런 시의 주민과 시내의 모든 상징 부분과의 긴밀한 연결성이 도시의 전(全) 모습으로 뚜렷하게 나타난다. 그러므로 주민들은 일상생활 공급이 만족되면서 특별한 문화적 행사는 도심에서 해결되는 것이다.[26] 이 일체성은 소구역간의 도로와 광장에서 확보되며 이것은 다만 예술적 도시건설의 기본 요소인 것이다.[27]

근린주거지역에는 중요한 기본 기능이 부여된다. 왜냐하면 근린주거지역은 주택지역의 완화, 신록화(新綠化), 그리고 더 좋은 공공기관의 배치에 이바지한다.[28]

5~6개 소구역으로 성립되는 도시 구(區)는 주민들에게 특별히 지정된 공공시설을 중요한 기본요소로서 즉 문화와 운동시설이 제공된다. 이 소구역 계획은 주어진 환경과 도시[29]의 크기에 따라서 구별된다.

그리하여 설계가들은 생활의 질적 차이, 파괴 정도에 따라서 계획 지

25) Junghanns. K. 1954: 근린주거지역(소구역), 11면.
26) Junghanns. K. 1954: 근린주거지역(소구역), 11면. Junghanns=융한스.
27) Junghanns. K. 1954: 근린주거지역(소구역), 11면.
28) Junghanns. K. 1954: 근린주거지역(소구역), 11면.
29) Junghanns. K. 1954: 근린주거지역(소구역), 11면.

수(지침) 적응이 임기응변[30]으로 되는 등 여러가지 조건에 처하게 된다. 소구역 계획의 주민수의 결정은 공공교통시설에 잘 연결되는 방향으로 노력해야 하며 도시의 이상적인 소구역 인구수는 거주 지수에 따라 5천 명부터 1만 명이 이상적이다.[31]

② 구동독 근린주거지역 발전사[32]

여기서 독일인 건축가이자 도시계획가인 에른스트 마이(Ernst May)의 실적을 설명하고자 한다. 그는 프랑크푸르트 시청에서 주택건설에 관한 일을 하다가, 건설부장으로 일하게 되면서 구 소련의 미개발지대 즉 개척지의 도시계획사업에 참가하게 되면서 뚜렷한 족적(足跡)을 남겼다.[33] 그는 "내가 지금까지 일하면서 소련 개척지 과제는 유일한 대국가 정치적 실험이었다."라고 말한 바 있다.[34] 그는 소련에서 1930년부터 1934년까지 신개척 공업지대 5개년 계획도시 총계획을 서구권의 국제팀과 함께 설계했다.[35] 그는 더 나아가서 1920년대의 도시계획 구상이던 단독적 행열 저층(底層) 주택건설을 장려했다.

도시계획가 마이의 사회주의적 도시설계 구상에서 대도시 분산방법에서는 두 가지 견해가 충돌하게 되었다. 이는 어버니즘(Urbanism)과 반

---

30) Junghanns, K. 1954: 근린주거지역(소구역), 12면.

31) Junghanns, K. 1954: 근린주거지역(소구역), 12면.

32) 과학. 건축가. 건설, 바이마르, A. 33(1987) 4/5/6, 295-298면.

33) Pistorius, Elke: 소련에서의 Ernst May 1930-1934 그리고 그의 도시계획적 관찰: 건축과건설-A. -바이마르 33 (1987) 4/5/6, 295면.

34) Pistorius, Elke: 소련에서의 Ernst May 1930-1934 그리고 그의 도시계획적 관찰: 건축과건설-A. -바이마르 33 (1987) 4/5/6, 295면.

35) Pistorius, Elke: 소련에서의 Ernst May 1930-1934 그리고 그의 도시계획적관찰: 건축과건설-A. -바이마르 33 (1987) 4/5/6, 295면.

어버니즘(Anti-Urbanism)의 문제였다. 이 두 가지 견해의 차이는 가정의 기능에 대한 것이었다.[36] 어버니즘에서는 아동교육을 가정이 아닌 단체주택에서 실행되어야 한다는 것이다. 그러나 북한 정부는 급격한 "가정생활의 사회화"[37]를 반대했다. 결과적으로 도시설계에서는 도시의 3/4을 가정주택, 1/8을 공동주택 혹은 단체주택으로 계획하였으며, 도시의 총 주민수도 5만부터 25만 명으로 계획하였다.[38] 마이(May)의 도시구성은 소련의 구상인 쾨르탈(Quartale, 住處, помещение)에 의존하고 또 영국 정원도시의 아이디어와 운빈(Unwin)의 상린관계(常隣關係) 이론의 사회적, 도시설계적 근린주거지역 단위에 영향을 받았다.

최종적으로 근린관계를 사회적 공간으로 이해하고 녹화지대를 통하여 서로 분리시켰다.[39] 그리고 한 특별팀과 함께 도시기능에 대한 규준표를 작성하였다. 이 도시설계에 따르면 도시는 여러 단위로 나누어 설계되어 있다. 몇 개의 주택군이 모여 하나의 콤플렉스(Complex, 단지)가 되고, 또 몇 개의 콤플렉스가 모여 하나의 쾨르탈(Quartal)이 된다. 이러한 쾨르탈이 모여 한 라욘(Rayon, 도시의 구)이 된다. 그후에도 마이는 독일에서 또는 아프리카에서 실행한 도시계획에서도 가정, 주민, 근린주거지역 그리고 도시 구(區)에 대해서 언급하였다.[40] 현재 쾨르탈에서 4층 주택은

36) Pistorius, Elke: 소련에서의 Ernst May 1930-1934 그리고 그의 도시계획적관찰: 건축과건설-A. -바이마르 33 (1987) 4/5/6, 295/296면.

37) Pistorius, Elke: 소련에서의 Ernst May 1930-1934 그리고 그의 도시계획적 관찰: 건축과 건설-A. -바이마르 33 (1987) 4/5/6, 296면.

38) Pistorius, Elke: 소련에서의 Ernst May 1930-1934 그리고 그의 도시계획적 관찰: 건축과 건설-A. -바이마르 33 (1987) 4/5/6, 296면.

39) Pistorius, Elke: Ernst May의 소련에서 1930-1934 그리고 그의 도시계획적 관찰: 건축과 건설-A. -바이마르 33 (1987) 4/5/6, 296면.

40) Pistorius, Elke: Ernst May의 소련에서 1930-1934 그리고 그의 도시계획적 관찰: 건축과건설-A. -바이마르 33 (1987) 4/5/6, 296-297면.

도로와 떨어지게 위치하고 광장 및 공원과 같은 자유공간을 돌아서 배치해야 된다고 했다.[41] 마이와 그의 동료들은 가정 · 단체주택 그리고 사회생활의 여러 가지 조건들을 고려하여 단체 주택을 설계하였다.[42] 그는 공업지대에 대한 계획은 세우지 않았다. 그에게는 공간적 분리, 특히 공업지대 근처의 주택에 대한 녹지화가 중요하였다.[43]

여기에서 그는 영국 정원도시 운동, 또 엘 마이게스(L. Migges)의 공간조형에 대해 결여되고 도시채원(菜園)을 그의 도시계획에 융합시켰다.[44] 그러나 그의 제의는 당시 소련의 공업발전과 관련되어 찬성 받지 못했다. 한 예로서 공동채원과 융합하려는 초안은 거절당했다.[45] 밀루틴스(Milutins)가 1930년에 발간한 도시설계이론, 특히 그의 도심이 없는 구역계획은 마이의 도시설계초안에 큰 영향을 주었다.[46] 이와 같이 마이는 1960년대까지 차후에 아텐의 카르타(Charta)에 나타난 기능적인 도시분할을 허용하는 대식(帶式)도시 아이디어의 옹호자였다.[47] 물론 그는 소련 볼가강의 스탈린시처럼 대식적 지리적 구조를 고려하라고 주장했

41) Pistorius, Elke: Ernst May의 소련에서 1930-1934 그리고 그의 도시계획적 관찰: 건축과 건설-A. -바이마르 33 (1987) 4/5/6, 297면.

42) Pistorius, Elke: Ernst May의 소련에서 1930-1934그리고 그의 도시계획적 관찰: 건축과 건설-A. -바이마르 33 (1987) 4/5/6, 297면.

43) Pistorius, Elke: Ernst May의 소련에서 1930-1934 그리고 그의 도시계획적 관찰: 건축과 건설-A. -바이마르 33 (1987) 4/5/6, 297면

44) Pistorius, Elke: Ernst May의소련에서 1930-1934 그리고 그의 도시계획적 관찰: 건축과 건설-A. -바이마르 33 (1987) 4/5/6, 297면

45) Pistorius, Elke: Ernst May 소련에서 1930-1934 그리고 그의 도시계획적 관찰: 건축과건 설-A. -바이마르 33 (1987) 4/5/6, 297면

46) Pistorius, Elke: Ernst May 소련에서 1930-1934 그리고 그의 도시계획적 관찰: 건축과 건설-A. -바이마르 33 (1987) 4/5/6, 297-298면

47) Pistorius, Elke: Ernst May 소련에서 1930-1934 그리고 그의 도시계획적 관찰: 건축과 건설-A. -바이마르 33 (1987) 4/5/6, 298면

다.[48] 1931년의 수도 모스크바 총계획 현상모집작품으로 24개 위성도시(주거와 경제위성)를 배치했으며 공업, 행정건물, 문화와 경제적 중심으로 된 시구역도면을 제출했다.[49] 그는 도시 대구조를 이용하며 녹지로 분리된 거주지와 공업지대로써 도시 면적이 대단히 확장된 것이다.[50] 그의 강한 이론적 면과 기하학적으로 이루어진 단순한 체계초안이 소련에서는 거절당했다. 그것은 비경제적이며 수도의 성격이 파괴된다는 것이다. 그렇지만 그의 팀은 1932년까지 모범도시 발전에 노력했다.[51] 마이는 한참 전개되는 대량생산에서의 표준화가 왜 도시 주택건설에 해당되지 않음을 이해할 수 없다는 것이다.

체계적인 도시계획 초안으로 그는 사회적인 조형적 질문을 제기했다. 차후의 아프리카와 서독의 계획에서는 더 유연적이며 지리적인 조건[52]에 적응시켰다. 점점 심해지는 현대적 도시계획 기법에 대한 비판과 독일 내에서 등장한 파시즘과 반 소련주의에 의하여 마이는 1934년에 소련에서 떠나라고 강제적 압박을 당했다. 물론 소련에서 그의 희망이 전부 실현되지 못했지만 그 나라에서 받은 인상과 자극은 그 후에 그의 창작능력에 큰 역할을 더해 주었다.[53]

---

48) Pistorius, Elke: Ernst May 소련에서 1930-1934 그리고 그의 도시계획적 관찰: 건축과 건설-A. -바이마르 33 (1987) 4/5/6, 298면.

49) Pistorius, Elke: Ernst May 소련에서 1930-1934 그리고 그의 도시계획적 관찰: 건축과 건설-A. -바이마르 33 (1987) 4/5/6, 298면.

50) Pistorius, Elke: Ernst May 소련에서 1930-1934 그리고 그의 도시계획적 관찰: 건축과 건설-A. -바이마르 33 (1987) 4/5/6, 298 면.

51) Pistorius, Elke: Ernst May 소련에서 1930-1934 그리고 그의 도시계획적 관찰: 건축과 건설-A. -바이마르 33 (1987) 4/5/6, 298면.

52) Pistorius, Elke: Ernst May 소련에서 1930-1934 그리고 그의 도시계획적 관찰: 건축과 건설-A. -바이마르 33 (1987) 4/5/6, 298면.

53) Pistorius, Elke: Ernst May 소련에서 1930-1934 그리고 그의 도시계획적 관찰: 건축과 건설-A. -바이마르 33 (1987) 4/5/6, 298면.

③ 도시건설에서의 소련의 모범성[54]

> 1950년대 중반에 소련의 모범에 따라 사회주의 진영에서는 역사적인 건설전환이 이루어졌다. 봉쇄된 전통적인 건설방식에서 개방식으로 조형된 공업적인 대중주택 건설로 전환되었다. 구동독에서는 도시건설의 공업화가 시원치 않았다. 우선적으로 옛날 방식이 계속됐다.[55]

천천히 발전하게 됐으며 –소련에서 장려된 공업화와 융합된 사회주의적 생활방식– 구동독과 다른 사회주의 나라에서 예술과 문화정치[56]에 입각한 건설에서 새로운 기본원칙이 도입됐다. 1950년에 소련의 여러 도시를 방문한 결과를 토대로 구동독 건설부에서 설계를 위한 “도시계획의 제16개 기본조항”을 선포했다. 이것은 마르크스, 엥겔스와 레닌의 이론에 따르며 스탈린(Stalin) 정치에서 검증된 “사회주의적 기본원칙”이다. 훌륭하게 설계된 사회주의적 도시건설은 주민들의 모든 수요를 만족시킬 수 있으며 1950년 전에 베를린 도심계획에 이 16조항이 적용됐다.[57] 이 조항의 제4조에는 대도시[58]의 주민수와 도시확장면적이 제한되어 있다. 그리하여 이미 1935년에 소련의 수도 모스크바의 성장률이

---

54) Ribbe, Wolfgang(Hrsg): 칼막스– 알레와 슈트라우스 베르거 광장 중간의 알렉스, 베를린 2005. S. 25면. 72Ribbe, Wolfgang(Hrsg): 칼막스– 알레와 슈트라우스 베르거광장 중간의 알렉스, 베를린 2005. S. 25면.

55) Ribbe, Wolfgang(Hrsg): 칼막스– 알레와 슈트라우스 베르거광장 중간의 알렉스, 베를린 2005. S. 25면.

56) Ribbe, W. 2005: 칼막스– 알레와 슈트라우스 베르거광장 중간의 알렉스, 베를린 2005. S. 25면.

57) Ribbe, W. 2005: 슈트라우스 베르거광장, 알렉스, 베를린 중간의 칼막스–알레. 25–26면.

58) Ribbe, W. 2005: 슈트라우스 베르거광장, 알렉스, 베를린 중간의 칼막스–알레. 26–27면

결정됐다. 이와 같은 목적으로 1955년에 독일 베를린시에도 결정되었으며 인구밀도도 감소되고 주민 수도 3백 50만 명 이상 초과되지 않도록 결정됐다.[59] 이 기본원칙도 베를린 스탈린 알레(Stalin Allee)의 주택건설 계획에 적용됐다. 특히 주목된 것은 사회주의적 근린주거지역의(제10조항)이며 몇몇 개의 주택군(住宅群)이 하나의 근린주거지역이 되어 여기에는 소학교를 비롯해 일상생활에 필요한 시설이 통합 되어있다.[60] 한 근린주거지역의 주민 수는 약 5천 명으로 정하고 인구 밀도는 2백 명/ha에서 5백 명/ha까지이다.[61] 에른스트 마이(Ernst May)는 이미 1930년 전에 소련정부의 위탁으로 다른 사업팀과 함께 소련의 도시 체계도를 작성했다. 그는 도시기능으로 8천 명/콰르탈(Quartale)부터 만 명/콰르탈로 구분했다. 여기에는 근린주거지역와 도시구역이 포함되어 있다. 당시 마이가 말하는 콰르탈은 1950년대의 근린주거지역에 해당되며 역시 일상생활에 필요한 시설물이 포함되는 것이다.[62] 1930년대에 지배적이었던 역사주의가 생길 때까지 콰르탈 기법은 개방적인 건설방식 즉 1950년대에 르네상스로 된 노부에 체렌무슐시 "Nowyje Tscherenmuschlci"의 전환으로 유명해진 모스크바의 주택지역이 베를린 칼 마르크스 알레(Karl Marx-Allee)[63]를 회상케 하는 것이다. 60ha대지에 두 개 소구역(7천 5백 명/매, 소구역 인구)이 배치되고 여러 일상용 시설물이 부여됐다. 또 호텔 하나, 영화관 하나, 식당 하나와 쇼핑거리도 포함됐다.[64]

59) Ribbe, W. 2005: 슈트라우스 베르거광장, 알렉스, 베를린 중간의 칼막스-알레. 27면.
60) Ribbe, W. 2005:슈트라우스베르거광장, 알렉스, 베를린중간의 칼막스-알레. 27면.
61) Ribbe, W. 2005: 슈트라우스베르거광장, 알렉스, 베를린 중간의 칼막스-알레. 29면.
62) Ribbe, W. 2005: 슈트라우스베르거광장, 알렉스, 베를린 중간의 칼막스-알레. 29면.
63) Ribbe, W. 2005: 슈트라우스베르거광장, 알렉스, 베를린 중간의 칼막스-알레. 30면.
64) Ribbe, W. 2005: 슈트라우스베르거광장, 알렉스, 베를린 중간의 칼막스-알레. 31면.

제14조 도시건설 기본원칙은 사회주의의 사실주의 이론을 따라서 내적으로는 민주주의적이고 건축의 외형은 민족적이며 진보적인 소련의 전통이 반영돼야 된다는 것이다. 1930년 초까지 고전주의의 이상적인 르네상스와 고전주의가 건축에서 지배적 역할을 했다. 도시계획이 예술로 전환됨은 이로써 뚜렷해졌다.[65] 1950년대 중반부터 도시계획의 중점이 시민적 –인도적인 유산부터 노동운동의 전통으로, 소련의 사회주의 초기– "사회주의적 사실주의"의 정리가 새로 취급 됐다.[66] "지방적인 건축 전통"을 전형적인 주택단위에서만 취급하지 않고, 쿠르트 융한스(Kurt Junghanns) 등 독일의 여러 건축가들은 주택 – 블럭(block)의 단조(單調)성 해결에 노력했다.[67] 그리하여 베를린 스탈린 알레의 건설터 한 부분에서 정면을 횡적으로 분절하는 수단으로 발코니를 아르쿠스(arcus)형으로 시공했다.[68] 1931년부터 역사주의에 전환하게 되며 이것이 소련의 도시계획 기법에 채용된 것은 언급된 바, 도시건설이 예술로 이해됐던 것이다.[69]

④ 근린주거지역(소구역) 발생과 그 평행성[70]

도시의 기본적인 분절조건으로 1950년에 정리된 도시계획의 16개 기본조항에 따르면 거주지대, 거주구역(區域), 근린주거지역, 주택군(郡)으로 잘 명시됐다. 그러나 개별적인 기본요소의 명확성은 도시의 구조와

65) Ribbe, W. 2005: 슈트라우스베르거광장, 알렉스, 베를린 중간의 칼막스–알레. 31면.
66) Ribbe, W. 2005: 슈트라우스베르거광장, 알렉스, 베를린 중간의 칼막스–알레. 31면.
67) 상동.
68) 상동.
69) 상동.
70) Durth, W, Duewel,J, Gutschow,N. JOVI 유한회사, 2007: 근린주거지역(소구역). 기원과 평행성–구동독의 건축과 도시건설. 500–504면.

요망에 따른 것이다. 이 기본조항은 소련의 도시건설의 경험에 의존됐다. 동독 도시계획가들은 아이젠휘텐 콤비나트(Eisenhüttenkombinats)의 주택구역 도심계획에 이 기법을 실현했다.[71] 후에 감정원들은 완고한 주택지역 건설이라며 1951년부터 녹지화와 완화계획이 요구됐다. 그런데 이 완화계획이 사회주의 이상에 적합하지 않기 때문에 동독 건설 아카데미 K. W. 로이흐트(K. W. Leucht) 씨의 지도하에 신설된 "도시건설부(institute)"에서 새로운 계획서를 제출하기로 했다. 이에 대한 추천서 중 쿠르트 융한스(Kurt Junghanns)의 초안은 다른 사업이 많아서 시간 부족으로 일을 끝내지 못했다.[72]

비로소 1953년에 발표된 학술자료인 "건축가를 위한 안내서"에 따라 독일인들은 "스탈린의 도시건설의 기본원칙" 등 소련의 도시건설에 대한 원서를 독일 기술자들이 번역해 연구할 수 있었다. 당시의 모범 서적은 "아름다운 도시건설의 교훈"이었다. 사회주의적 도시의 기본요소는 도로 – 블록의 크기이며, 그 크기는 9ha부터 15ha 크기이고, 주민을 위한 충분한 공터가 있어야 한다는 것이다.

사회주의적 도시의 초안에 따라 "새로운 민주주의적 사회"는 그 발전 가능성에서 물질적 · 문화적인 면이 표현되어야 한다.[73] 스탈린의 공식인 "사람에 대한 배려는 도시건설과 관련하여, 도심에는 풍요, 교외에는 빈곤이 집중되는 것이 아니다"라는 것이다. 이는 주택 – 블록(block)의 주민들과 동등하게 현대적인 도시건설의 혜택을 받아야 하며 일상적 생

71) Durth, W, Duewel,J, Gutschow,N. JOVI 유한회사, 2007: 근린주거지역(소구역). 기원과 평행성–구동독의 건축과 도시건설. 500–면.

72) Durth, W, Duewel, J, Gutschow, N. JOVI 유한회사, 2007: 근린주거지역(소구역). 기원과 평행성–구동독의 건축과 도시건설. 500–면.

73) Durth, W, Duewel, J, Gutschow, N. JOVI 유한회사, 2007: 근린주거지역(소구역). 기원과 평행성–구동독의 건축과 도시건설. 500–501면.

활과 공공생활의 욕구를 만족시켜야 한다. 근린주거지역의 면적 지수(지침)에 대한 전문가인 펠릭스 뵈슬러(Felix Boesler)는 나치정부의 건축연구소에서 근무한 후에 구동독에서도 일하고 그 후에 다시 서독에서 에른스트 마이(Ernst May)의 종업원이 됐다.[74] 히틀러의 수석 건축가인 슈페어(Speer)가 활약하던 시기에 이미 도시계획 지수가 발표됐다.

이것이 이상적인 부락 세포(細胞) 소관구(소행정구, 小官區)의 사고(思考)의 기초가 되었다. 중심축으로 침투된 부락 세포를 대도시의 한 부분으로, 또 여러 소관구의 기본요소로 볼 수 있고 그의 생활 중심점은 핵심도시가 되는 것이다. 이 외에도 시 소세포가 도시건설의 단위로 정리됐다. 여기서 중요한 것은 한 채의 큰 옛 건물이 작은 단위로 분할되고, 주민들이 희망하는 건강과 경제성에 융합되도록 하는 것이다.[75]

한 측면에서는 나치 독재기에 사용된 "자연적"이라는 말을 암시하는 생리적 "세포(細胞)"라는 개념에서, 즉 2층 건물들은 땅(土地)과의 연계성이 필수적이며, 다른 측면에서 종전식의 주택건설은 인구밀도가 높기 때문에 공장의 조립식 건설방법으로 인한 인구밀도와 건설 템포를 증가하는 것이 나라의 정책방향이다. 이리하여 1955년부터 구동독에서는 도시건설의 단일성 지수에 따라서 경제적이고 공업적인 건설을 추진하기로 했다. 물론 동독 건설 아카데미 전문가인 뵈슬러(Boesler)는 과거 나치시대에 "지수(지침)"와 "이상적인 계획"을 적용하면서 전문기관에서 일했으므로 이것을 이미 알고 있었을 것이다.[76]

1955년부터 K.W.로이흐트(K.W.Leucht)가 설계한 주거도시 호이어스

74) 상동, 502면.

75) 상동, 502-503면

76) Durth, W., Duewel, J., Gutschow, N. JOVI 유한회사, 2007: 근린주거지역(소구역). 기원과 평행성-구동독의 건축과 도시건설. 502-503면

베르다(Hoyerswerda)는 나치독일의 주거세포 인구밀도를 두 배 이상으로 하였다. 그 외에 근린주거지역 내에 주민을 위한 문화시설과 축제시설도 통합하여 건설하였다. 1956년에 로이흐트(Leucht)는 1954년까지 장려됐던 십자가 축 대신 중앙 축을 지배적인 요소로 제안하였고, 이에 따라 학교와 상점들이 배치되어야 한다고 주장하였다. 그렇다면 클럽회관으로 향한 중요 축으로 하는 기법이 더 발전성이 있지 않은가 하는 것이다.[77] 동시에 독일 브레머하펜(Bremerhaven)시에 에른스트 마이(Ernst May)의 아이디어로 발전된 "현명하게 이해할 수 있는 단위들"이라는 도시설계 분할 기법이 영국의 식민지인 동아프리카 사업에서 이미 실현되어 있었던 것이다. 여기서 중심적인 아이디어는 근린주거지역 문제였다. 각 근린주거지역는 적어도 5천명 주민으로 유기적인 활 모양인 감동적인 축으로 분할되어 녹지화된 공간에 공공시설을 완비하는 것이다.[78]

⑤ 구동독의 도시계획을 위한 16개 기본조항

1950년 4월부터 5월에 구동독 건설부 대표단이 소련 방문 중에 그곳의 도시건설의 실천과 이론을 연구했다.

이 여행경험을 기초로 "도시계획의 제16개 기본조항"이 결정되고 소련의 도시건설의 상(像)을 구동독[79]의 도시계획에 적용하도록 제의하였다.[80]

제1조는 "도시는 정착지로 우연히 발생된 것은 아니다." 각 도시계획

77) Durth, W., Duewel, J., Gutschow, N. JOVI 유한회사, 2007: 근린주거지역(소구역). 기원과 평행성-구동독의 건축과 도시건설. 503면

78) Durth, W., Duewel, J., Gutschow, N. JOVI 유한회사, 2007: 근린주거지역(소구역). 기원과 평행성-구동독의 건축과 도시건설. 503면. 109 상동 503-504면

79) 구동독의 도시계획의 제16개 기본조항에 대하여. 기본조항의 부분적 해설-구동독 건설부의 독일건설에 대한 기여. 베를린1950년. 17면

80) 구동독의 도시계획의 제16개 기본조항에 대하여. 기본조항의 부분적 해설-구동독 건설부의 독일건설에 대한 기여. 베를린1950년. 17면-18면

적 결정은 도시 발전과 그 원인이 고려되어야 한다.

이것은 도시계획가들이 항상 배려하고 또 검열해야 하는 것으로 어떻게 주민의 욕구와 도시계획 수단을 현존하는 조건으로 충족시킬 것인가, 또는 실천될 수[81] 있는가, 라는 것과 그 경제성까지 고려하는 것을 의미한다.

문화의 정리에는 물질적, 정신적인 것이 포함되어야 한다. 도시계획가들은 현존하는 수단으로 주민의 진정한 욕구를 만족시켜야 한다.[82] 공동생활에 대한 지적은 다음과 같이 이해되는 바, 도시계획가들은 공동생활의 욕구를 성취하려는 조건을 완비해야 한다는 것이다. 이것이 가족과 다른 개인적 욕구[83]를 만족시키는 기본조건들이다.

이 기본조항은 계속적으로 다음과 같이 설명한다. 자본주의처럼 항상 새로운 것을 만들어야 하는 것이 아니므로 도시를 재검토해야 하며 도시가 탄생한 역사를 필히 재확인하여 그 개량할 필요성이 있으면 그렇게 하는 것이 올바른가,[84] 하는 것을 문제 삼아야 한다.

최종적으로 이 기본조항에, 도시건축은 항상 역사적 · 정치적인 관계와 국민적인 의식이 반영돼야[85] 한다고 지적되고 있다. 이것으로 도시계획가는 동시에 정치적 배우(국민욕구의 대표)가 되며 정치적으로 도시건

81) 구동독의 도시계획의 제16개 기본조항에 대하여. 기본조항의 부분적해설-구동독 건설부의 독일건설에 대한 기여. 베를린1950년. 18면.

82) 구동독의 도시계획의 제16개 기본조항에 대하여. 기본조항의 부분적 해설-구동독 건설부의 독일건설에 대한 기여. 베를린1950년. 18-19면

83) 구동독의 도시계획의 제16개 기본조항에 대하여. 기본조항의 부분적해설-구동독 건설부의 독일건설에 대한 기여. 베를린 1950년. 19면

84) Bolz, Lothar구동독의 도시계획의 제16개 기본조항에 대하여. 기본조항의 부분적 해설-구동독 건설부의 독일건설에 대한 기여. 베를린1950년. 19면

85) 116 Bolz, Lothar구동독의 도시계획의 제16개 기본조항에 대하여. 기본조항의 부분적 해설-구동독 건설부의 독일건설에 대한 기여. 베를린 1950년. 19면

설에서의 큰 역할이 부과된다. 따라서 도시계획가는 어느 면에서는 정치적인 배우(국민 욕구의 대표)가 되어 정치적으로 도시건설에서 큰 역할을 맡아야 한다.[86] 그렇기 때문에 도시계획의 준비과정은 복합적인 과업이다. 도시계획가는 도시발생의 역사적, 정치적 변천을 고려해야 하며 도시공간의 사회경제적 구조를 앎으로써 주민의 임대료 감소 등과 같이 주민에게 유리한 반응대책이 있어야 한다. 그 외에 그는 문화적 공급분배를 음미하고 필요하면 이를 조절해야 한다.[87]

제6조에는 시민의 "생활을 위한 정치적 중점"을 도심이라고 설명한다. 이것은 그 외에 역사적 그리고 예술적인 면에서 가장 중요한 도시부분이다. 제6조에는 다음과 같은 것을 반대한다고 지적하고 있다. −평등화, 형식주의, 구조주의와 세계주의[88]− 따라서 도심에는 상업시설과 오락시설 혹은 은행 건물이 이루어지지 않고, 오히려 도시 내지(內地)는 대도시의 이념(당, 행정기관)이 지배적으로 표명되어야 한다. 또 도심에는 데모운동이 있어야 되며 많은 도보자가 있어야 한다. 이것은 2 ~ 2.5킬로미터 길이로 중앙구의 일부로써 도심과 별도로 확장될 수 있다. 정치적 권력관계는 장소변화가 아니고 도심 내막의[89] 변화를 초래하는 것이다.

제13조에는 다층 건물의 특색은 경제면에서 선호대상이 된다.

그리하여 소련의 수도 모스크바에는 다층 건물이 장려되었고 1952년부터는 새로운 건물은 최하 10층으로 지었다. 이런 규정은 각 지역에 따

86) 117 Bolz, Lothar 구동독의 도시계획의 제16개 기본조항에 대하여. 기본조항의 부분적 해설−구동독 건설부의 독일건설에 대한 기여. 베를린1950년. 19−20면

87) 118 Bolz, Lothar 구동독의 도시계획의 제16개 기본조항에 대하여. 기본조항의 부분적 해설−구동독 건설부의 독일건설에 대한 기여. 베를린1950년. 33면

88) 119 Bolz, Lothar 구동독의 도시계획의 제16개 기본조항에 대하여. 기본조항의 부분적 해설−구동독 건설부의 독일건설에 대한 기여. 베를린1950년. 25−26면.

89) 상동, 26면

라 개별적으로 적용됐다. 그 외에 여건이 허락되면 콤팩트(compact)한 건설방식이 선택된다.[90)]

기본조항의 제14조는 개별적인 도시 전경(全景) 조성에 관한 조항으로 도시설계가와 건축가의 중요한 목표이며, 그 내용은 건축외형은 자유롭게 각 지방의 전통과 연계되어야 한다는 것이었다.[91)]

이러한 기본원칙은 도시계획가가 형식적으로 일하지 않고 개개인이 지역의 역사와 도시의 사회상에 알맞게 사업을 진행하도록 하였다.[92)] 16개 기본조항에 도시계획가들이 장기적 계획과 토지이용 설계도, 그리고 총계획도를 포함하여 완성하도록 하였다. 각 지역의 경제발전에 따라야하며, 부분 프로젝트와 도시의 부분 건설이 우선적으로 선행되도록 하였다.[93)] 근린주거지역은 도시건설계획에 있어서 가장 중요한 요소이며 이것은 20세기 초에 공업국가들에서 발달된 것이다. 동시에 동부와 서부 진영에서 이런 경향이 평행해서 나타났으며 사회적인 기반에서의 차이는 있지만 기능적, 공간적 면에서 유사한 점이 있다. 20세기 초부터 전문적인 정보교환이 많았고 국제적인 설계가들의 모임이 있었으며 정치적, 사상적 체계의 경계를 초월하였다.[94)] 근린주거지역 아이디어는 19세기

---

90) 구동독의 도시계획의 제16개 기본조항에 대하여. 기본조항의 부분적 해설-구동독 건설부의 독일건설에 대한 기여. 베를린 1950년. 3면.

91) 구동독의 도시계획의 제16개 기본조항에 대하여. 기본조항의 부분적 해설-구동독 건설부의 독일건설에 대한 기여. 베를린 1950년. 3면

92) 구동독의 도시계획의 제16개 기본조항에 대하여. 기본조항의 부분적 해설-구동독 건설부의 독일건설에 대한 기여. 베를린 1950년. 33면.

93) 구동독 도시계획의 제16개 기본조항에 대하여. 기본조항의 부분적 해설-구동독 건설부의 독일건설에 대한 기여. 베를린 1950년. 31-33면. 구동독의 도시건설 16개 조항에 대하여. 기본조항의 부분적 해설-구동독건설부의 독일건설에 대한 기여. 베를린 1950년. 33면.

94) Sonne, Wolfgang 2010: 구라파와 미국에서 도시건설의 전성기 Bodenschatz, Harald; Gräwe, Christina; Kegler, Harald; Nägelke, Hans-Dieter; Sonne, Wolfgang (2010): 도시환상1910/2010, 베를린, 30-37면, 특히 35-36.

에 교외(郊外) 시가[95] 조성과 일반적인 도시 인구과잉을 극복하기 위해서 발생한 것이다.

1920년대 이후 도시계획의 기본모형 특히 제2차 세계대전 이후 많이 확산된 슈퍼블록(Superblock 영어를 상용하는 서부진영) 또는 마이크로라욘(Mikrorayon 주로 동부진영)[96]이라는 아이디어는 19세기 주택블록(block), 도로, 광장과 도심설계 기법에서 전향된 것을 의미한다. 근린주거지역은 주택 – 블록을 큰 줄기로 주민생활을 위한 도심기능과 결부시켰다. 구 동독 도시계획가들은 1950년대 중반에 새로운 건설계획을 시작할 때 이미 새로운 지식을 가지고 있었다. 그 예로 그들은 근린주거지역 기법의 경험을 북한재건에 적용한 것이다. 이런 일반 아이디어의 구체화와 공식화를 지방도시인 함흥 · 흥남시의 재건계획에 적용했다는 사실을 고문서에서 찾아 볼 수 있었다. 이것은 지방 도시건설에 있어서 경계석(境界石)과 같은 큰 사건으로 간주할 수 있다. 구동독 함흥시 설계진은 함흥시 설계에서 이상과 같은 아이디어를 보여주게 되는데, 같은 근린주거지역의 융합을 위한, 즉 한 도시의 위용(威容)의 중요성을 결정하는 도시 축(軸)과 중앙광장 등을 결정하는 문제에 있어서는 사상적, 이념적 논쟁이 있었다.

도시계획의 제16개 기본조항

1950년 7월 27일의 도시계획에 대한 이 가이드 라인(Guide line)은 구

95) 참조. Bodenschatz, Harald; Kegler, Harald (2010): 도시환상 1910/2010-베를린, Paris London Chicago, 도시개량 연보 2010, 35-46면, 베를린, 특히 40면.

96) 구체적으로: Goldzamt, Edmund (1973):사회주의국가의 도시계획, 백림 230-232면과 Payton, Neal(1996):Patrick Geddes (1854-1932) & 텔라핍의 계획, Lejeune, Jean-Francois/Ed. : The New City, Miami, 4-25면, 특히 11면.

동독의 도시계획 정책에서 중요한 이정표(里程標)가 됐다. 여기에 소련의 견해를 포함한 1955년에 에르크너(Erkner)의 IRS사(社)에서 발표한 "모스크바 여행"의 문건에 명백히 기록되어 있다. 이 가이드라인은 1950년 말까지 구동독 계획의 패러다임이 됐다.[97)]

1. 도시는 정착지(Settlement)로 우연히 발생된 것은 아니다. 도시는 인간들의 공동생활을 위해서 가장 경제적이고 가장 문화적으로 부유한 정착지이다. 이것은 수백 년간의 경험으로 증명되었다. 도시는 구조적, 건축적 디자인에서 정치생활과 국민의 민족적 의식의 표현이다.

2. 도시건설의 목적은 노동, 주택, 문화 그리고 휴식에 대한 인간적인 자부심의 조화로운 만족감을 초래한 것이다. 도시건설 방법의 원칙은 국가의 사회 경제적인 기반에, 가장 높은 과학, 기술, 예술과 경제적 필요성에, 그리고 국민 문화유산의 진보적인 용도의 자연적인 조건에 기초된 것이다.

3. 도시들은 "자체적으로" 발생하지 않고 존재하지도 않는다. 도시는 대부분 공업 때문에 또는 공업을 위해 건설된 것이다. 도시의 성장, 주민수와 면적은 도시요인에 의해 결정된다. 즉 공업과 행정기관과 문화시설은 그들의 지역 중요성의 이상(理想)으로 결정이 된다. 그러나 수도에서는 공업적 의미보다는 도시요인 즉 공업에, 행정기관에, 문화시설에, 그들이 지역의 중요성 이상(理想)으로 되는 것이다. 수도에서는 공업적 의미가 도시 요인적으로 행정기관과 문화시설 뒤에 놓이게 된다. 도시요인의 결정권과 결재권은 독점적으로 정부 문제이다.

97) "모스크바로의 여행" 1995; 지역개발 및 구조계획연구소 IRS 에르크너 (Erkner): 최근 계획이력에 대한 근원판, Erkner. 특히 시몬네 하인(Simone Hain)의 입문해설은 동독과 소련간의 관계와 패러다임의 중요성 뿐만 아니라 소비에트경험의 수용의 차이를 묘사한다. 7-11쪽 참조요망.

4. 도시의 성장은 편의성의 원칙에 종속돼야 하며 그 의미가 적당히 제한되어야 한다. 도시의 과도한 성장은 그 지역주민과 도시면적의 구조적인 어려움과 얽히게 되며 문화생활에서 혹은 주민의 일상생활의 서비스도 역시 공업의 발전과도 연계가 된다.

5. 도시계획의 기반은 조직적인 원칙과 도시의 역사적으로 발전된 구조를 고려해야 하며 동시에 그 단점을 제거해야 한다.

6. 도시의 중심지는 도시를 결정한다. 이 중심지는 주민을 위한 정치적인 중심을 이루어야 한다. 도시 중심지는 중요한 정치적, 행정적, 그리고 문화적인 시설물이 있어야 한다. 도시 중심지의 중앙광장에서는 정치적인 데모와 그에 따른 행진이 가능하게 하여야 하며, 축제가 이뤄지도록 해야 한다. 도시 중심지는 가장 중요하고 웅장한 건물이 배치되어야 한다. 이는 계획가들의 도시건축계획에 지배적이어야 하며, 이를 바탕으로 건축적인 실루엣(Silhouette)도 역시 결정되어야 한다.

7. 인근 도시의 경우에도 하나의 중요한 동맥으로 강가의 도로와 함께 강의 흐름을 건축의 축으로 활용되어야 한다.

8. 교통은 도시와 그 지역의 주민에게 알맞게 계획되어야 한다. 이 교통이 도시와 주민에게 해(害)가 되어서는 안 된다. 통행교통은 도시 중심지와 도심 중앙에 위치해서는 안되며, 도시 경계 밖으로 혹은 도시의 외부환선(換線)으로 돌아가게 해야 한다. 화물 철도교통과 수로(水路)도 역시 도시 센터에서 멀게 해야 한다. 중요 교통도로의 사명은 거주지역의 봉쇄성(封鎖性)과 평온성(平穩性)을 고려해야 한다. 중요 교통도로 넓이 결정은 시내 교통에서 도로의 넓이 문제가 아니고 교통의 조건을 만족시킬 수 있는 십자로를 해결하는 데 있다.

9. 도시의 얼굴, 즉 도시의 예술적 디자인은 광장, 중요도로 그리고 도심의 중요한 건물에 의해 결정된다. 가장 큰 대도시에서는 고층 건

물에서 결정된다. 광장은 도시계획에서, 또 그의 건축적 전체 구상(Composition)의 구조적 기초가 된다.

10. 주택지역은 주택구역(區域)으로 구성되며 그의 중심은 구(區)센터이다. 이곳에 구(區)주민에 필요한 문화(서비스)와 사회시설이 있다. 주택지역 구조의 두 번째는 근린주거지역(소구역=Wohnkomplex)이다. 이것은 몇 개 주택군(住宅群)이 모여서 생기는 것이고 주택군을 위해 조성된 정원, 학교, 유치원, 탁아소 그리고 주민의 일상생활에 필요한 서비스 시설이 마련된다. 도시 교통로는 이 소구역 내에 있어서는 안 된다. 그러나 소구역과 주택구역이 고립된 현상이 되면 안 된다. 이것은 그 구조와 계획, 그리고 전 도시의 요구조건에 좌우되는 것이다. 주택군(群)은 소구역의 계획과 조형(造型)에 주로 의미가 있게 된다.

11. 건전하고 조용한 생활환경과 햇빛, 공기의 공급은 다만 주거 밀도와 건물의 방향만이 아니고 교통발전에도 연결된다.

12. 도시를 하나의 공원으로 만들 수는 없다. 물론 풍부하게 녹지화가 되어야 한다. 그러나 다음 같은 원칙은 양보할 수 없다. 도시 안에서는 도시사람으로, 교외에서나 시외에서는 시골사람으로 생활하게 하면 된다.

13. 다층 건설은 단층 혹은 2층 건물보다 경제적이다. 이것은 대도시의 성격에 해당되는 것이다.

14. 도시계획은 건축적 조형의 기본이다. 도시계획과 건축적 조형의 기본 문제는 도시의 개별적인, 독특한 상황을 조성하는 문제이다. 이에 건축은 국민의 과거의 구체화된 경험의 전통을 이용한다.

15. 도시계획을 위해, 건축적 디자인을 위해서는 추상적인 구성표는 없다. 결정적인 것은 생활의 필수적 요소와 요구사항을 종합하는 데 있다.

16. 동시에 도시계획 작업과 그를 따라 일정한 지역의 계획, 시공과 광장, 인접된 주택군과 중요 도로의 설계가 종합적으로 이루어져야 한다.

2. 함흥시 도시계획 - 도시 기본설계의 연대기록 1955[98)]

옛날부터 한국의 주택건축에 사용하던 점토를 건재로 사용하기로 했다. 점토 전문가 호르스트 프렌겔(Horst Prengel)은 1955년 4월 10일에 제1차 독일 도시설계가들인 팀장 콘라트 퓌쉘(Konrad Püschel)과 게르하르트 슈틸러(Gerhard Stiehler)와 함께 함흥에 도착했다. 4월 11일에 페터 될러(Peter Doehler), 하르트무트 골덴(Hartmut Golden) 그리고 게오르크 테그트마이어(Georg Tegtmeyer)들이 연이어 도착했다. 여기에 구동독 도시계획 설계진은 통역관으로 신동삼을 대동했다.

함흥시 도시계획부 이 씨의 환영사가 끝나고 함흥시에 대한 간단한 설명이 있은 후 곧바로 일하기 시작했다. 페터 될러(Peter Doehler)와 게오르크 테그트마이어(Georg Tegtmeyer)는 모든 현존 건물의 기록이 마련되어 있지 않아서 현황조사부터 시작했다. 콘라트 퓌쉘(Konrad Püschel), 하르트무트 골덴(Hartmut Golden), 게르하르트 슈틸러(Gerhard Stiehler) 등은 우선 기존건물의 조사에 착수했으나 조사시간이 부족하여 어려운 점이 많았다. 그 후에도 도시계획가들은 측량부와 지질팀과 다음 문제를 상의했다.

점토 전문가 호르스트 프렌겔(Horst Prengel)는 독일인 숙소근처에 "세계에서 가장 큰 점토 공장"을 설치했다고 자랑했다. 창고건물 옆에서 점

98) "나의 한국일기장"-Gerhard Stiehler, 개인의 기록과 메모, 저자기록.

토와 볏짚을 혼합하여 벽돌을 만들었다. 틀에 박아낸 점토를 태양 볕에 말려서 만든 흙벽돌은 단단하고 적재력도 좋아서 나중에 손질을 많이 할 필요도 없었다. 점토를 건재로 쓴 것은 좋은 해결책이었다. 즉각 필요한 주택건설에 쓰였으며, 점토도 충분히 보급되었다.

함흥시 도시계획면에서는 독일 도시설계가 될러, 퓟셀 그리고 게오르크 테그트마이어 등이 현상모집에 응모나 하듯이 제출한 도시설계초안 중에서 될러의 스케치가 선발됐다. 그 안의 개요는 반룡산 기슭을 지나가는 현존 도로를 확충하여 새로이 대로를 형성하고 이대로 남쪽의 대로와 평행으로 지나가는 기차선로 사이에 함흥시의 중앙 도심부를 설정하는 계획이었다. 반룡산 기슭을 지나가는 대로는 서쪽에 흐르는 성천강의 만세교를 지나 함흥평야로 뻗어가고 남쪽의 대로는 기차역을 기점으로 서쪽의 성천강 기차 철교를 지나 함흥평야와 연결하는 방안이었다. 함흥에는 유럽식 지하, 지상수로망이 없으니 한국의 전통적인 지상물개천(地上水開川)을 도시계획에서 보존하는 안이었다.

북한 정부가 주택건설을 우선적으로 추진했으므로 1955년 5월 7일까지 장래의 기본 도시구조를 포함한 도시계획도를 완성해야 했으며, 5월 15일까지 첫 소구역(근린주거지역) 세부계획을 준비해야 했고, 이 계획에 따라서 주택건설을 진행해야 했다. 이 제안은 후에 북한 당국의 동의를 전제로 하고 만든 것이다. 일제강점기에 도시계획 공부를 할 수 없었던 북한 "전문가"들은 기반이 있는 사회주의 도시계획 실무진에게 무슨 제안이나 이의를 제기할 것이라고 기대할 수 없었다. 그래도 함흥시 설계사업에서 양측이 서로 공동적인 경험을 모으자는 것이었다. 그런데 함흥시내 서점에는 독일인 관계자들이 잘 모르는 러시아 서적이 있었는데 그 중에는 도시건설 입문서도 더러 있었다.

1955년 5월부터 12월 사이에 – 게르하르트 슈틸러 일기 중에서

건설설계진은 함흥시의 구조적 계획에 대한 세 가지 기본 초안을 토론했다. 이 3개의 설계제안에서 게르하르트 슈틸러(Gerhard Stiehler)와 하르트무트 골덴(Hartmut Golden)은 페터 될러(Peter Doehler)의 초안을 지지했다. 중앙역에서 시내와 반룡산으로 향한 도로 축이 3가지 초안의 공통점이었다.

그 외에 이 도로 축 중간에 도심 중앙광장이 자리 잡는다. 이 축이 정확하게 중앙축의 뒷면으로 지나가느냐 혹은 직접 중앙광장과 연결되야 하느냐가 문제가 되었다. 중앙광장에 대한 문제에 관해서는 중앙광장이 성천강 쪽으로 기울어진 축과 교차되고 그 외에 직각으로 철도노선과 평행을 이루고, 반룡산 기슭까지 이어지며, 즉 건축 장식적인 축으로 활용되어 약간의 곡선형으로 성천강까지 이어지게 하여 문제를 해결하고자 하였다. 5월 중순까지 함흥 기존의 계획도가 기본적으로 마무리되어야 했다.

독일 도시계획팀은 측량 및 지질조사팀과의 협의도 마무리되지 않고, 또는 총계획 수립절차가 준비되지 않은 상황에서 벌써 현장 시공팀이 동원된 점을 이해하지 못했다.

독일 설계팀이 함흥시 도시건설부의 이, 윤 그리고 태 씨와 도시계획안을 논의했는데 함흥시 도시건설부의 몇 가지 추가제안이 있었다. 그 내용은 다음과 같다.

제1 소구역 세부도면 축척(縮尺) 1:500으로 제도함.

여객용 기차역을 성천강 쪽으로 400m 이동시켜 정거장 역전광장이 상기 반룡산으로 가는 도심축, 즉 공로축(公路軸)의 기점이 되며 중앙광장의 중앙건물과 정면으로 연결하였기 때문에 더 잘 된 해결책이 되는 것 같다.

도시설계진이 포착하지 못한 몇 개 주택건물 관계로 총계획도의 제1차 지역을 수정했다. 북한측이 추가적으로 시급히 식료품 공장과 또 다른 공장시설을 독일 재건팀에 요구해 왔기 때문에 함흥시는 공업도시가 되는건지 혹은 도청소재지인 행정 중심지가 되는건지 의문이 생겼다.

주초부터 두 개 소구역을 위해 전체 총계획도를 재검토한다. 함흥시 도시계획부의 이 씨는 2주일 전에 북한의 다른 도시에 대한 토론을 제의했다. 언급된 그 중 한 도시는 함흥에서 60km 북방에 있는 신포시였다.

동독팀은 그 때 처음으로 한국의 온돌난방 이야기를 들었으며 온돌방에서 낮은 식탁을 놓고 젓가락으로 식사한다는 것을 알았다.

1955년 6월

최종 총계획도에 더는 손질하지 않기로 하고 이에 대한 북한 당국의 반응을 기다리기로 했으며 함흥시의 옛날 역사적 도심(道心, 지방행정중심점)을 현재 계획에 전혀 참작하지 않는 것이 옳은가 하는 회의(懷疑)를 가졌다. 다시 말하면, 이 두 개의 기본 초안을 혼합하기에는 매우 곤란했다. 역사적으로 불규칙적인 옛 도시와 이에 전혀 연결성이 없는 축으로 된 새 계획의 기본구조가 전혀 융합되지 않았다. 다른 면에서는 반룡산 기슭의 현존하는 건물이 새 도시계획에 잘 융합되어 참 다행이라고 생각했다.

전쟁에서 많이 파괴된 옛 건물을 한국인의 전통적인 감정에 잘 조합될 수 있게 계획한다면 서로 만족할 것이다. 그러니 기다릴 수밖에 없다.

제1과 제2 소구역의 한 · 독 합작의 주택건설 기공식이 있었다. 이번에 짓게 되는 첫 주택의 건물지원시스템은 전통있는 점토가(家)가 담당하게

된다. 이 두 개의 소구역 도면이 완성됐다. 녹지 계획은 아직 미완성이다.

호르스트 프렌겔(Horst Prengel)의 점토공장은 하루 3교대로 3개의 생산 라인이 운영되었다. 옛날에는 점토벽돌 한 개당 제조비가 6원이었는데 이제는 1.5원(1원 50십전)이다.

철도노선 변경계획에는 두 가지 해결책이 있다. 한 방안은 기존 철도노선을 따라 그대로 기존 철교 쪽으로 400m 이전하든가, 또 다른 방안은 현존 철로를 호련천 남쪽으로 이전하는 것이다. 투자재정이 허용되면 후자의 방법을 채택할 것이며, 이 방법은 강변 양쪽의 도로에 대한 도시건설, 건축적 조형에는 도움이 되나, 비용이 많이 드는 해결법이다.

1955년 7월

기술진 청사의 식당에 함흥시 총계획도가 전시됐다. 축척 1:5000로 된 도면에 도시 중요 조형축(造形軸)과 광장, 주택, 산업지역의 윤곽과 도심 – 기타 중요 광장, 교통망의 줄거리와 녹지계획 등이 명시되어 있다. 결과는 일반적으로 찬성이었다.

함경남도 도청의 부도지사, 함흥시 건설부의 이 씨, 독일 측에서 멜로우셀브만(Mehlow Selbmann), 비그만 퓟쉘(Wiegmann Pueschel), 하르트무트 될러(Hartmut Doehler), 테그트마이어 외링(Tegtmyer Oehring), 젠크바일(Senkbeil, 전공) 등이 참석했다. 그리고 주하넥(Suchanek) 등이 평양건설부에게 함흥 총계획도를 설명한 후에 질의응답 시간이 있었다.

평양 건설부 책임건축가가 토론에 참가하지 않아 나는 적잖게 놀랐다. 근린주거지역 기법이 도시계획의 최소적인 단위로 독일 도시계획가들의 도시계획 내용을 평양 책임건축가에게 설명을 했음에도 불구하고 그들은 전혀 이해하지 못한 것 같았다.

약 20명이나 되는 모든 북한의 도시계획가들과 평양 건설부의 소련고문관 한 명이 1955년 여름에 함흥을 방문했다.

1955년 8월

북한 도시계획가의 월급은 2,000원이고 그의 상관의 월급은 2,500원이라 했다.

함흥시 재건단의 청사

도시계획가들이 새로운 청사에 입주했다. 이 청사는 반룡산의 작은 언덕 기슭(함흥 만세교에서 동북방 약 6km 지점)에 있었다. 남쪽으로는 멀리 호련천이 흐르고 있다. 청사는 주택건설이 계획되어 있는 지역 안에 있으며 5개 건물로 되어 있다(〈그림 3〉). 축적으로 배치된 정원이 있고 취사장이 붙은 큰 홀(hall)에 식당과 스테이지(무대)가 있고, 기타 살림살이 방들이 있다. 다른 건물도 대동소이하며 약 40m 폭의 2층 건물이다. 벽은 흙벽돌을 쌓아 지었고 지붕은 맞배지붕형으로 한국 건축 스타일을 적용하려고 노력했다(〈그림 4〉). 식당 건물의 현관은 건물 중앙에 있으며 앞에 작은 계단이 있고 발코니가 지붕덮개로 되고 이것을 두 개 목조기둥이 받치고 있다. 이에 한국의 전통적인 조각으로 장식된 나무 난간이 있다. 두 건물이 진입도로를 따라서 배치되었으며 이 두 건물의 합각머리 측에 이 대지에 들어가는 대문이 있다. 이 건물 안에 건축설계부가 배치되어 있다. 다른 건물에 행정 및 의료부서가 있고 거기에는 의사와 기술진 부부가 거주하게 되어 있다. 이 두 건물과 다른 두 건물이 60m 간격으로 정원을 만들도록 되어 있다. 이 건물에 대다수의 기술진이 거주하게 되어 있다. 정원은 보도와 녹지로 구성되고 분수도 중앙에 있다.

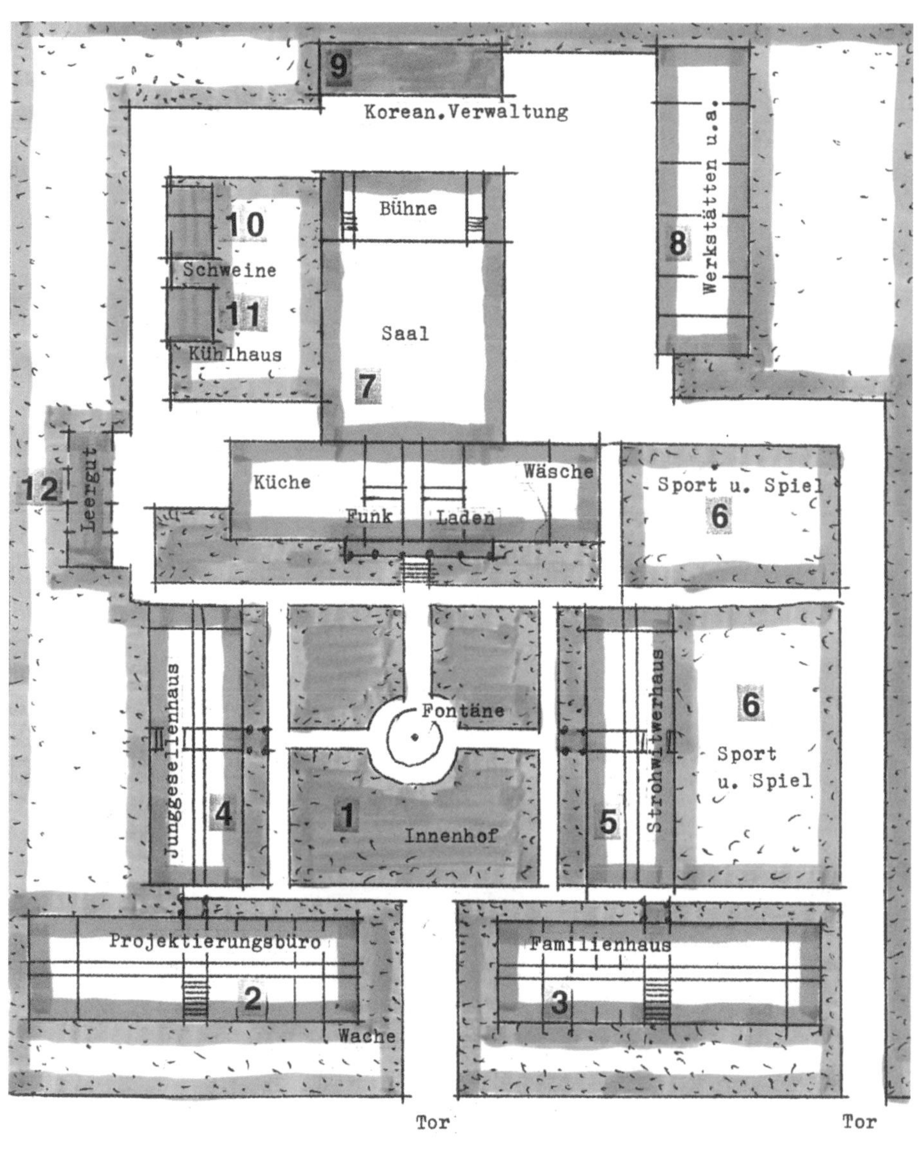

〈그림 4〉 함흥시 재건단의 청사 · 숙소 배치도

〈그림 5〉 함흥시 재건단 청사 전경
(좌) 함흥시 재건단의 청사, 배경은 반룡산(북향 촬영)
(우) 마을에 둘러싸인 독일 재건단의 청사(남향 촬영)

평양 건설부에 제출된 함흥시 총계획도에는 약간의 수정조항이 제시되었으며, 기차 중앙역은 기존 자리에 그대로 두고, 사포리[99]로 가는 도로는 직선형으로 하고 수로와 연결이 잘 되게 하고 다른 소소한 것들을 제외하고는 모두 인가를 받았다. 될러와 퓟셀은 그의 출장에 겸하여 평양의 다른 부서에서 여러 자료를 모아 왔다.

1955년까지 완수해야 할 사업 내용의 구조 분석,

간약(簡約)도 축척1:2,000

제3 소구역도 축척 1:2,000

제4 소구역도 축척 1:500

중앙광장, 다른 세부도면 축척 1:500

시 공원, 문화공원도 축척 1:500

새로운 총 계획도 축척 1:5,000

공업지대 계획도 축척 1:1,000

모든 사업은 한국 일꾼들과 공동으로 해야 하며 서로의 조언을 바탕으로 공동적인 계획사업에 주력해야 된다. 중앙광장과 역전계획에 착수한다. 주하모라는 한국 일꾼이 게르하르트 슈틸러(Gerhard Stiehler)와 장기적으로 함께 일하게 됐다. 함흥 제3구의 첫 스케치가 축척 1:2,000로 함께 완성됐다.

퓟셀과 될러는 다시 평양에 가서 행정 · 문화시설에 대한 자료를 수집했다. 퓟셀과 될러는 소구역에 필요한 사회적 건물의 중요한 건설 프로그램을 평양에서 가지고 왔다. 인가된 함흥 총계획도는 5개 구역으로 나

99) "사포리"는 함흥에서 제일 먼저 건설된 구역임.

눠져 있다. 도시를 크게 확장할 수가 없으니 도시용 시설물은 지방 구역에 배치해야 했다. 제3 도시구역(회상구역)에는 건설 전문학교와 중앙 버스터미널이 배치된다.

구역의 기능을 보장하는 시설의 계획은 다음 같은 것이다.

구역 행정기관, 문화 시설과 영화관, 우편국, 은행, 호텔, 요리식당, 판매상점, 건강진단소, 약국, 수공업처, 중앙역, 석탄과 기타 저장소, 도로청소처, 쓰레기 제거장, 소방대와 그리고 11 혹은 12 소구역에 소학교, 어린이 시설, 건강보험시설이 필요하게 될 것이다. 이로써 여러 구역 계획의 기본자료가 준비됐으며 함흥재건 제2단계 사업이 본격적으로 시작될 수 있게 됐다.

한 구역의 도시건설계획을 위해 주민들의 생활형식을 먼저 알아야 한다. 이런 면에서 한국 일꾼과 함께 일하는 것이 유리하며, 몇 달 한국인을 알게 될 시간이 있어서 그들의 요구가 수용된 계획결과를 발표할 수 있었다. 사업 초기에는 이런 문제 해결은 곤란했던 것이다.

중앙역 창고에 원조 물자인 크롤러 굴착기, 결합수확기, 증기 기관차가 있었다. 이 원조 물자가 앞으로 어떻게 사용될런지 의문이었다. 다른 우호 국가들은 이런 자료를 한국 참여인력들에게 양도하지 않고 사업이 끝난 뒤에야 양도했다. 그러나 독일 일꾼들은 그 원조 물자를 어떻게 사용해야 좋을지 궁리했다.

1955년 9월

함흥 제3구역 계획 스케치에 대해 토론이 있었다. 이 구역의 계획에 교통망 초안이 결부되고 그 외에 도시 중앙시설과 구역 내에 필요한 시설의 임시장소 설정을 의논하였다. 한편 철도노선 연변구역과 다른 면으로 도시공원 – 도심 쪽의 구역 중간의 대지 문제이다. 이 구역 면적은 약 175ha이다. 주민 수는 차후에 구역의 구체적 계획 때 결정될 것이며, 주택구역 설계지수가 현 실정에 맞게 된다면 약 40,000명 주민으로 추측된다.

함흥시가 사용할 수 있는 대지에는 습기와 진흙이 많아서 건물건설에는 불리한 곳이 있다. 이런 대지에 이 지역 주민들의 오막살이 주택이 8개쯤 있는 것을 도시계획가들은 알고 있다. 이곳은 주차장으로 이상적인 장소이며 도심 옆에 있고 해서 함경도의 도시 건물이 건설될 것으로 예측하였다. 녹지계획가 후베르트 마테스(Hubert Matthes)는 이런 대지에 이상적인 활동 무대와 역사적인 도시공원, 옛 건물, 휴게시설, 식당, 박물관, 실내 · 실외 목욕장, 전람회장, 음악 파빌리온(pavilion) 등등을 배치하는 것이 안성맞춤이라고 하였다. 그리고 반룡산 기슭의 녹지대에는 노천극장도 추가된다.

이것이 모든 필요한 계획 조항들이다. 그러나 운동장시설 계획초안과 그 설치 장소가 아직 미결정이다. 도시공원과 운동장이 직접 연계될 수도 있을 것 같다. 우리 제3 구역이 이 중앙 녹지에 융합되니 이에 어울리는 연계기법이 있어야 될 것이다. 제3 구역의 계획에 몇 개 문제가 제기되는 바, 한 예로서 호련천 저수지 주변에 시공될 건물 문제이다. 저수지 제방 높이가 3m이니 대략 3층 건물을 시공할 수 있지만, 이 건물이 도시의 시성외벽(市城外壁)으로 활용할 수 없고, 또는 저수지 제방 뒤의 도시가 가려져서도 안 되었다.

콘라트 퓟쉘(Konrad Püschel)은 1956년 9월 14일부터 16일까지 1956년도 예산문제로 평양으로 출장갔다. 함수전류(函數轉流)에 45cm나 되는 우량(雨量)이 있을 경우에는 긴급 건설현장의 검열이 필요하다. 점토로 된 외벽이 잘 덮여 있지 않는 경우도 있으며 빗물이 스며들면 문젯거리가 된다. 또 건설현장의 배수시설이 시원치 않으면 문제가 되는 것이다.

함흥역 후면에 흐르는 호련천 철교를 넘으면 철로가에 넓은 면적의 공업용 대지가 있다. 함흥에 계획된 방직공장 건설 대지에 적합한 장소다. 아직 세부 건설 프로그램이 없으니 자세한 대지분할 계획도 없다. 도시기능 트랙의 비즈니스시설 함수전류의 연결로서 공업대지의 앞마당을 위한 도시공원의 구조형성을 통한 당면과제가 발생하였다. 이 사업영역에 중앙 버스터미널의 분기(分岐) 가능성(Transit center)의 문제도 아직은 해결되지 않았다. 그러나 근로자들과 주민들의 의료봉사에 유리한 이 센터(center) 앞마당이 종합병원 설치에 적합한 장소다.

개마고원에 있는 장진강 유역의 풍부한 물을 이용해 수력발전소를 건설하여 흥남비료공장과 본궁화학공장에 전력을 공급하고 있다. 이 발전소는 일본인이 건설했으며 한국전쟁 이후 체코슬로바키아의 적극적인 지원으로 재가동됐다.

도시설계팀의 각 직원들은 자기들의 부서 과제에 따라 사업 중간결과를 다른 주변지역을 계획하는 동료들에게 집단적으로 제출해야 했다. 새로운 중간결과 보고규정은 없었다. 반룡산 기슭의 경사면의 주택지역의 계획을 맡은 하르트무트(Hartmut)는 고생이 많았다. 페터(Peter)는 도시 중앙지역을 설계했으나 공동적인 사업의 중간 토론 같은 것은 원하지 않았다. 그의 동료들이 그를 "마치 중국 베이징의 '자금성(紫禁城)' 안에서 일하는 사람"이라고 희롱(戱弄)했다.

그런데 동독 직원에게 잘 통하지 않는 이야기들이 나돌았다. 한국 젊은 임산부들이 미역을 많이 구입한다는 것이다. 특히 남자아이를 원하는 임신부들이 미역을 많이 산다고 한다. 한국인의 다양한 식사조리법에 독일인들이 이해할 리 없었다.

1955년 10월

10월 초 어느 날 우리 도시계획팀이 마지막으로 우리 기술자의 청사 사무실 블록(둘째집) 2층으로 이사했다. 슈틸러(Stiehler)와 북한주재 동독 동료들은 반룡산을 바라보는 북동쪽의 구석방으로 이사했다.

오후에 서함흥역에서 신흥선 협궤열차를 타고 성천강 상류에 있는 오로리를 지나, 56km지점에 있는 신흥군 송흥리(해발 385m)를 찾아갔다. 그런데 기차 운임은 2원이었다. 우리는 내일 한반도의 지붕이라고 일컬어지는 개마고원(해발 1,200m)으로 가려고 한다. 우리는 9월 25일에 한 번 여행한 적이 있어 이 철도선로의 일부를 이미 알고 있었다. 우리는 또 화물차를 타게 되었으며 역시 많은 길동무들이 있었다.

우리는 저녁에 목적지에 도착했다. 이곳은 민간여객 철도교통의 종점이며 역 근처 호텔에 투숙하게 되었다. 우리는 푸짐한 저녁식사 후에 곧 침실로 들어갔다. 한데 저녁 7시 15분인데 벌서 어두워졌으니 내일 아침에 일찍 기상하기로 했다.

아침 5시에 기상했다. 날씨는 괜찮은 것 같았다. 가까운 기차역으로 가는 차에서 보름달을 볼 수 있었다. 우리는 일반인에게는 허가가 안 되는 인크라인(견인열차)을 타고 최고 33.7도 경사의 철로로 고원에 올라갔다. 특별한 허가증이 있어야 인크라인를 탈 수 있었다. 6m나 되는 나무줄기를 실은 평판 무개차를 타고 올라갔다. 그런데 이 차량이 다른 동반인원을 위한 객실차와 연결된다. 이것은 제정시대에 흥남비료공장에 전기공급을 하기 위한 공사의 부산물로 생긴 것이라고 한다. 전기는 수력터빈으로 발전하는 것이다.

이에 필요한 물은 개마고원의 북류(北流)하는 부전강 유역의 물을 댐으로 막아 저수지를 만들고 물을 남류(南流)시켜 동해로 흐르게 하는 공사인데 남류시키기 위해 산 밑에 26킬로미터나 되는 수로(水路) 터널을 팠다. 터널 남단에서 나오는 물은 1,000미터나 되는 낙차로 송흥발전소에 공급된다. 이런 대규모공사를 하기 위해 인크라인 철로가 시설된 것이라 한다. 지금은 다만 내륙 운반용으로 사용되고 있다. 이것은 레일트랙 시스템이며 차량이 견인 쇠밧줄(요즘 북간에서 쓰는 용어, 영어로 케이블)로 산쪽으로 끌어당긴다. 선로의 최대 구배는 30~40퍼센트라고 한다. 중간정거장으로 두 계단이 되어 백암산 산정역까지 도달할 수 있다(송정역에서 약 1,00m 고도).

소구역 도면에 모든 건물이 기록돼야 하며 이것은 다만 공공건물 시설의 분배도 역할만 하는 것이 아니다. 동독 건설 아카데미의 쿠르트 리브크네흐트(Kurt Liebknecht) 총재가 동독 호이어스페르다 · 슈바르체 품페(Hoyerswerda/Schwarze Pumpe) 설계 스케치를 함흥에 있는 우리에게 편지로 보내왔다. 그것은 도시계획적 조형에서 문제가 되는 건물의 단조로운 라인(line) 건설을 처음으로 시공되는 함흥 주택건설에 참고하라는 것으로 이해했다.

함흥시와 흥남시 계획이 함께 진행돼야 지금까지의 투자액을 결재한다는 북한 당국의 입장이다. "새해에 독일 함흥 재건팀이 위 두 도시의 계획과 시공을 시행할 터이오니 지원해주시오! "라는 청원서를 동독 정부에 전달했다. 이것은 결국 도시계획을 위한 지질조사와 측량사업 때문에 도시건설사업을 1년간 연장한다는 것을 의미하는 것이다. 인력들이 더 필요하게 되는지? 그러는 동안 여러 독일인들은 한국 참여인력들과 친하게 됐으며 서로 신의를 교환하게 되고 앞으로 더 새로운 것을 체험

할 수 있으니 좀 더 함흥에 체류해 주기를 바랐다. 오늘도 많은 동료들이 고향 동독으로 돌아갔다. 식당에 식사하러 나오는 인원이 점점 줄었다.

그런데 우리는 주목할 만한 것을 발견했다. 함흥시 대지에 속하는 호련천 골짜기로 내려가는 길가에 많은 자갈돌 뭉치가 있었다. 부드럽게 갈린 많은 회색 – 파란색으로 된 5cm직경의 자갈에 검은색으로 일본어 혹은 다른 글씨가 적혀 있었다. 전하는 말에 의하면 이곳에 일본 군사캠프가 있었는데 전선으로 동원되는 군인들이 돌아오지 못할 경우에 이 돌들이 그들의 영혼으로 되소서! 하는 유교 의식(儀式)에서 생긴 것이라고 한다.

축척, 1:2,000로 만든 제5, 제6 소구역 계획도가 끝나고 제8 소구역 계획이 시작됐다. 큰 묘지 – 삼묘고(Sam Mjo Go) 장식품이 그려 있었다. 페터 될러(Peter Doehler)가 계획한 세부 도심공간설계에서(저자주: 인공위성사진에서 볼 수 있는 바, 이 페터 될러(Peter Doehler)의 도심공간 세부 계획대로 시공되지 않은 원인 등은 차후 함흥 현지연구보고서 작성 중의 중요한 문제가 된다.) 그의 도시 레이아웃(layout)은 상당히 건축적이었으며 약간 구부러진 곡선형 표현축(表現軸)이 중앙광장부터 성천강 쪽으로 연장되어 있었다. 그리하여 이 축이 흥남행 도로와 교차되며, 광장형으로 확장되고 강가에 있는 건물을 배열하는 대표적 건축적인 디자인이 되었다.

이 중앙도로축은 길이가 1km이고 폭이 30m~60m로 넓어진다. 4층 내지 5층으로 건물 높이에 구분을 두고 하층에 상점들이 들어서는 등, 지역 교통과 녹색지와 잘 어울리게 할 계획이었다. 이에 추가적인 중요 교통로가 필요하지 않는 것이 베를린의 스탈린 알레와 중요한 차이점이 있다. 당과 정부와 도시 대구역의 지도적 기관 건물로 이루어지는 중앙광장은 결정적인 도심축의 고정점이 되는데 이것이 또 스탈린 알레와 다른 점이다. 중앙광장과 연결되는 이 도심축은 시내 안을 연결하는 도로와 종종 교차된다. 시내 측의 디자인 제공의 짝(Pendant, Pair)으로 성천강 서쪽의 함주 구역에 들어설 건물이 될 것이다.

지상 건물 건축가들은 도시주거지대를 위해 더 많은 주거밀도로 계획했으며 전통적인 온돌난방을 2층 주택건물에도 설치하기로 했다.

그리하여 더 높게 지은 건물의 높이 때문에 과거에 난점이 있었다는 것이다. 그러나 온돌난방 담당 건축가들은 이 문제에 대해 낙관적이었다. 어쨌든 주거지역의 정착가능 밀도와 관련하여 도시개발계획에 영향을 미친다.(주민 수와 연관성이 있음)

우선 주택을 교외에 건설하기 시작함으로 주택난방 기술자들이 주민들의 반대없이 그들과 함께 일할 수 있게 된 것은 처음부터 전통적인 주택건설 대지선정을 잘했다는 결론이다. 수백 년간 방구들 위에서 생활하는 사람들이 이 온돌 다층주택에 어떻게 적응할 것인지는 두고 봐야할 것이다.

1955년 11월

제3 구역의 녹지계획 문제를 후베르트 마테스(Hubert Matthes)와 조절했다. 시내의 다른 교차점과 비교하여 어떤 가중치(加重値)가 부여될 수 있는지, 또 도시 중앙 도심에서 멀지 않은 관점에서 그리고 이 구역의 건물 수가 많지 않은 상항이니 이 구역 중심의 도시 디자인을 다시 고려해야 했다. 그리하여 어느 일요일에 몇 가지 설계초안을 그렸다.

제3 도시구역의 소구역 계획이 끝났다. 그러므로 모든 구역을 포함하는 총괄적 계획에 대해 토론을 할 수 있게 되었다. 이 구역의 다층 건물 건설에서 공간적인 디자인이 필요하며 단층 건물 건설은 제한되어야 한다. 전 도시의 각 도시구의 몫을 고려하여 경사가 심한 반룡산 기슭에는 단층 건물의 건설이 절대적으로 필요하며 제3 도시구역의 건물은 반룡산 기슭 구역에 너무 가깝게 서 있다.

우리 지원단의 여러 부서간의 팀워크를 별도로 강조하지 않아도 됐다. 왜냐하면 현장에서 혹은 일이 끝난 후 해당되는 문제를 언제나 토론하였기 때문이다. 그것은 우리 동료들의 의지에 관한 것이 아니라 오히려 우리 각자가 해야 할 일에 관한 것이다. 우리 함흥사업의 진행을 관찰하기 위해 평양 건설부 도시계획 부장이 왔다. 그는 이미 시공된 구역도 시찰했다. 저녁에 다시 극장을 방문했다. 많은 예술가들이 긴장하고 있었으며 아주 자극적인 공연이었다. 관중들은 일반적으로 극장공연에 많은 흥미를 갖고 있다. 극장 입장권이 매진되지 않는 행사는 별로 없는 것 같다. 3백 내지 4백 명을 수용하는 극장인데 우리 독일인에게 특별히 안락의자가 마련되지 않았고, 다른 북한 사람들과 동일하게 우리도 보통 의자나 벤치에 앉아 관람하였다. 온 가족의 극장 방문은 보통이고 어머니가 아이들을 업고 입장하는 경우도, 심지어 잠자는 아이를 업고 입장하는 어머니들도 있었다. 그러니 극장 방문이 한 가족의 잔치가 되며 극장공연에 활발하게 참여하지 않는 주민은 별로 없는 듯하다.

제3 구역의 개정사업은 잘 진전되고 있다. 키가 큰 동독 동료와의 팀워크도 잘 진행되고 있다. 통역관이 없어도 서로 이해할 수 있었다. 주 씨는 자발적으로 독일어를 배우려고 노력했기 때문이기도 하다. 주 씨의 독일어 공부가 독일 친구들이 한국어를 배우는 것보다 훨씬 효과적인 방법인 듯하다. 그리고 주 씨는 도시계획의 업무경험도 가지고 있다. 물론 그는 이론적인 면보다 실질적 경험이 더 많았다. 그러니 이런 문제는 앞으로 더 높은 수준에서 서로 조정될 것이라고 믿는다. 그리하여 그는 이에 대해 실질적으로 관심이 많았을 뿐만 아니라 개인적 열정도 컸다.

오전에 함흥시 중앙광장의 설계도를 끝냈다. 상세하게 그리고, 정교하게 색깔로 구별되어 그려진 함흥 총계획도를 촬영하기 위해 급히 정원으로 옮겼다.

오후에 내 개인적 사진을 찍으러 시내로 갔다. 에어 사이드(Air Side 반룡산) 쪽으로 가서 반룡산에 남아있는 옛 함흥성(城)의 흔적(痕跡)을 보고 산에서 내려와 성천강 쪽의 옛 함흥 서북 성문이 있는 곳까지 갔다. 전망대에서 성천강 너머 일몰과 저녁노을을 보았다. 점점 함흥의 일상생활과 작별할 생각에 잠기곤 했다. 이 나라와 사람들 그리고 우리에게 부담이 되었던 과업을 실행하는 과정에서 생긴 서로 간의 정(情) 등등. 내게 주어진 근무를 위임받은 데에서 얻은 경험과 행복감을 요약해야 하는 시기가 됐다. 시야(視野)가 넓어지고 다른 사람들과의 교제 매너를 배우고, 새로운 스케일로 보는 눈, 즉 다른 문화적 접촉 등을 이해하는 눈이 뜨이기 시작한 것이다. 이 엄청나게 많은 인상과 경험 그리고 새로 생긴 통찰력을 잘 처리하기는 간단치 않을 것이며 또 오랜 시간이 필요할 것이다.

앞으로 할 일에 대한 작업회의를 마친 끝에 제5, 6, 7 그리고 제12 소구역의 계획에 대한 작업토론이 있었다. 다음엔 청사진 인쇄소장 알프레드(Alfred)를 찾아가서 지형 모델을 음미했다. 알프레드가 스케일(scale)에 맞춰 만든 이 함흥시 지형모델을 보고 특히 제3자들을 위하여 앞날의 도시모양에 대한 계획 개념을 이해하는 데에 큰 도움이 될 것이다. 그는 좋은 손재주로 모델을 만들었고 제작 시간이 긴박할 때는 다른 동료들의 도움도 받았다.

또 때로는 즐거운 여름철을 보냈으며, 종종 장마 때문에 힘들기도 하였다. 그리고 환상적인 가을을 맞이하였다. 그러나 겨울에 대해서는 어떤 겨울일지 전혀 예상하지 못했다. 한국의 겨울 날씨는 독일과 유사하다는 소문이 있었다. 벌써 몇 사람은 월동준비로 독일에 스키 장비를 요청하자는 것이었다. 한편 한국 기후가 중부 유럽 사람들에게 적합하다는 결론에 도달했다.

다른 소구역에 대한 토론이 있었다. 도시계획의 구조 단위를 위한 대지면적의 부족으로 작은 거주 블록에 단층 건물의 건설은 마땅치 않다는 결론이 났다. 그 대신 1~2층 건물을 혼합하는 것이 유리할 듯 했다.

직원회의에서 지금까지의 직원 업무수행에 대해 여러 가지 평가가 있었다. 에리히 셀브만(Erich Selbmann) 지원단 단장은 이런 문제에 대해서 낙관적 입장을 취했으나 다른 일부 직원들의 불평도 있었다. 예를 들면 함께 일을 마치는 정해진 시간이 없다. 작은 연수 업무를 과장하고 있다. 우리 호스트 국가에 대한 지식을 넓히기 위한 북한과의 커뮤니케이션이 없다.

스케쥴에 명시된 기한을 따르기 위해 오후에 제3 구역 계획작업을 계속했다. 북한의 중부 동해안을 비교적 집중적으로 탐구했다. 동해안의 신포시까지의 실정도 알게 됐고 함흥 북쪽 지역에 있는 발전소, 개마고원으로 올라가는 인클라인 철로(북한 용어로 쇠밧줄 견인열차)와 개마고원의 남단에 있는 부전령(赴戰嶺)의 백암산(白岩山) 정상도 알게 됐다.

평양과 개성지방의 여행에서는 북한 지방의 전통적인 풍경을 보고 깊은 감명을 받았다. 한 가지 유감스럽게도 한국 경치의 진주(眞珠)격인 금강산을 구경하지 못했다. 또한 한국의 영산 백두산(높이 2,750m 한국산의 최고봉)의 출입이 우리에게는 닫혀 있었다. 백두산과 그 지방사람 사이에는 두 가지 인간과 자연 간의 종적인 사연이 있다. 한 가지로는 이 인생에서 멀리 떨어져 있는 옛날부터 한국인의 편견적인 이야기와 동화(童話)의 대상이 된 지방이다. 사람과 동물 그리고 생물의 꼴로 된 것들이 곤란에 빠진 생물들을 굉장히 도와주었다는 등등. 이것이 한국문화의 소스 필드(source field)이며 항상 볼 수 있는 바, 그들의 자연과의 연대성 그리고 개인적인 균형성과 관용(寬容)성이다. 이것은 부처님과 공자의 생활과 믿음의식의 번식지(繁殖地)인 것이다. 다른 면에서 이 지방에서 젊은 김일성의 반항 시절에 대해 언급되고 있다. 이곳은 바위와 높은 산이 없는 야생적 로맨틱한 작은 땅 덩어리라는게 나의 생각이다. 이 나라에 장기적 체류기간에 성숙된 것으로 이것들은 하나의 꿈으로 될 수밖에 없다. 그럼에도 불구하고 이 좋은 나라 한국을 잘 알고 있는지? 라고 말하고 싶다.

결론적으로 우리(독일인을 포함해서)는 이 나라에서 많은 것을 배웠다. 물론 아직 전부는 아니다. 그러나 우리가 알게 된 것은 참 흥미로웠고 감동적이며 아름다웠다. 따라서 이 나라의 재건사업을 더 완벽하게 하고 싶었다.

평화적으로나 친선적으로 모든 사람들과 재상봉이 인간 공생정신과 풍요로운 영적 소통이 된다면 이 나라를 위한 좋은 홍보사업이 될 것이다.

제 8, 9, 11 소구역 계획도면을 다시 정리하여 승인을 받았다. 제3 도시구역의 도면제도를 시작했다. 건물과 도로를 색으로 표시했다. 쿠르트(Kurt)와 후베르트(Hubert)는 지난밤에 축척 1:5,000의 함흥 토지이용계획 도면작업을 했다. 축척 1:2,000으로 제3 도시구역의 스케치를 끝냈다.

키가 큰 주 씨와 나는 새로 정리된 도면을 가지고 청사진 인쇄소 알프레드에게 갔다. 사무실에 다시 돌아와서 주 씨가 자기 개인사진을 내게 보여줬다. 그는 1919년생이다. 주 씨의 부인은 31세이며 1924년생이다. 그들에게는 세 아이들이 있으며 곧 넷째 아이가 생긴다고 한다. 그는 1940년경 일본 도쿄에서 공부했지만 후에 학교에서 퇴학당했다고 한다. 그에게 나의 사진을 보여주고 한국 고무장화를 선사했다. 그는 매우 기뻐하며 흥분했다. 저녁에 그는 다시 돌아와서 한국민요 레코드 판 두 장을 내게 선물로 주었다.

1955년 12월

함흥시의 여성모임이 있다는 보도가 있었다. 우리 재건단이 참석하는 회의이다. 그들에게 줄 선물도 준비하였다고 보도됐다.

먼저 여성회 제1 회장의 감사 인사말이 끝나고 우리들은 그들에게 함흥지원사업에 대한 인상을 물었다. 그리고 우리 사업 중에서 어떤 점이 특별한 것인지 물었다.

나는 한국 여성들이 힘든 일을 묵묵히 잘 해내는 모습을 보고 감동했고 동시에 한국 남녀평등에 대한 운동은 아직 심한 투쟁을 해야 이루어질 것 같다고 대답했다.

1955년 12월 2일

새로운 소구역 현장에 다시 가보았다. 우리들의 첫 지원사업으로 아주 잘 되었다고 인정받는 곳이다. 북한인들의 생활과 거주습관의 다변성을 고려하여 앞으로 지을 주택 건설량과 밀도(집의 수량과 밀도)를 높여야 한다고 생각한다. 점심 식사 후에 마지막으로 반룡산으로 산책하러 갔다. 이곳에서 우리의 청사와 숙소를 다시 내려다보면서 종종 다니던 산마루 길로 팔각정에 이르렀다. 팔각정에 오니 내가 약 1년 전에 처음으로 함흥에 왔을 때를 회상하게 됐다.

우리가 처음으로 함흥에 도착했을 때, 이 도시가 폭격으로 파괴된 모습을 객관적으로 본 첫 인상이 우리가 이 도시를 어떻게 재건할 것인가 하는 계획 과제로 연결되었다. 이곳에서 얻은 첫 인상과 거기에 우리의 재건사업에 대한 새로운 구상(構像)을 보태어 이곳의 사회적 인프라와 주민의 생활사정을 상세히 파악하는 일부터 시작했다.

1) 1955년의 함흥시 건설의 기본자료 – 함흥시 총계획도. 함흥시 역사

한반도는 3면이 바다로 둘러싸여 있다. 동쪽에 동해, 남쪽에 한국 해협, 서쪽에 황해. 작은 지역 안에 서쪽에는 평야가, 동쪽에는 산맥이 있다. 북한에는 높은 고원을 포함해 산악지대가 많다.

기원전 2333년에 한국의 역사가 시작한 것으로 되어 있다. 전설에 의하면 하늘의 아들인 단군이 첫 왕국을 세웠다고 한다.

오늘의 "코레아"라는 이름의 기원은 918~1392년 사이에 있었던 "고려" 왕국의 이름에서 유래한 것이다. 동쪽에는 여러 산림이 있는 산맥이

〈그림 6〉 2012년 베를린 비스도르프(Biesdorf)에서의 설계진의 모임

사진 앞줄 오른쪽에 게르하르트 슈틸러(Gerhard Stiehler, 함흥 일기장 작성자)가 저자와 이야기 중이다. 다른 기술자들, 후베르트 마테스(Hubert Matthes, 커피를 권하는 사람)

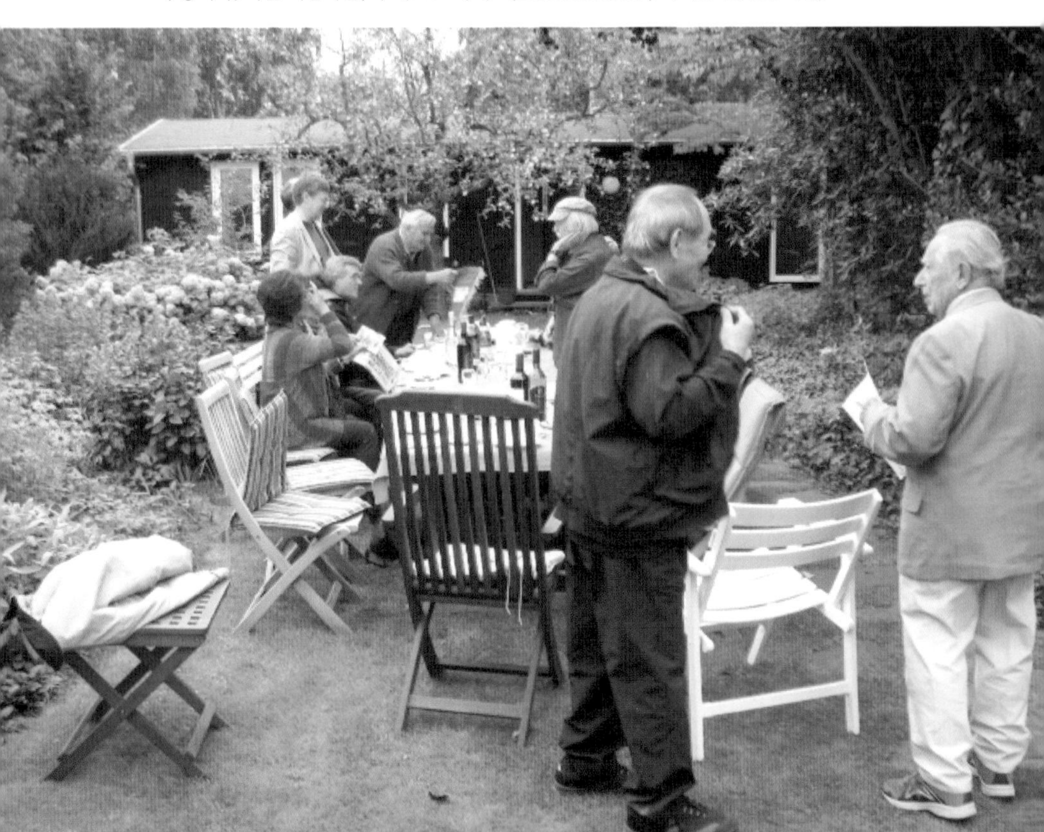

있으며 남서쪽엔 많은 주민이 살고 있다.[100)]

고려 왕조 때 함흥은 "함주"였다. 1369년에 처음으로 이 지명이 기록으로 나타났다. 격동적으로 변화하는 역사 속에서 이 지명은 여러 번 바뀌었다. 1416년에 "부"(府, 제일 하층의 옛적 행정구역명)로 되었고 일제강점기인 1930년에 일제식 함흥부(府)로 개칭됐고, 1945년 해방과 동시에 "함흥시"로 개명됐다. 함흥 남쪽의 영흥시 출신인 태조 이성계(1335~1408)가 조선왕조를 창건하여 함흥이 세상에 더 알려졌고 그는 함흥에 인접한 본궁을 은퇴지로 선택했다.

이 책의 취지를 이해하려면 우리가 재건하려고 계획하는 지역인 함흥과 흥남의 과거 발전사를 평가하는 것부터 시작해야 할 것이다. 현 흥남공장 대지는 1927년 이전에는 자그마한 어촌들이 산재해 있었다. 그런 대지에 일본질소비료주식회사가 1927년에 흥남비료공장의 기공식을 하면서부터 흥남공업지대가 형성되기 시작했다.

그 당시 함흥은 함경남도 도청소재지로서 이 지방의 경제와 문화의 중심지였다. 1945년의 해방 전에는 북한은 8개 도(道)로 분할되어 있었으며 그 중 북쪽의 함경남도는 면적이 가장 큰 지배적 존재였다. 고려왕조시대에는 여진과 몽골의 지배 하에 있었고, 조선시대부터 중국의 명나라와 청나라의 속국적인 존재가 됐다. 조선 말기부터 일본의 세력권 하에 들어갔다.[101)]

1954년에 구동독 정부가 함흥재건 건설부처를 설치하고 1956년에 총괄 보고서(SAPMO-Barch, NY 4090/481, Bl. 258-289)를 발표하면서 독일과 북한의 양국 상호관계가 실제로 달라졌다는 지적이 있다. 재건사

100) https://de. wikipedia. org/wiki/한국역사-한국선사역사

101) https://de. wikipedia. org/wiki/한국역사

업 초창기에 참여한 독일기술자 가운데는 정치적, 기술적 그리고 도덕적 허물을 내포한 자도 있었다. 즉 그들의 "사명감"과 "지시방법"에 그런 허물이 동반해 있는 가운데 함흥시 재건단사업이 시작됐다. 실은 그들이 북한에 가게 된 단순한 동기는 모험을 해보려는 갈망과 이국정서에 대한 흥미 때문이었는지는 모르지만, 결국 "일종의 방탕(放蕩)" 때문에 조기 송환으로 처벌된 예도 있었다.

반면에 게르하르트 슈틸러(Gerhard Stiehler)는 "1955년 한국일기 후기" 107쪽에 다음과 같이 기록하였다.

"북한에서 체험한 개인경험 기록문서를 정리한 지 40년이 지났다. 완성된 직업생활자의 입장에서 다음과 같이 자신있게 말할 수 있다. 당시에 상상할 수도 없었던 먼 나라의 문화와 현지 사람들의 역사, 생활양식을 보고 배우는 시간이 되었다. 특히 그 기간 동안은 나의 직업적 능력이 향상되었으며, 그리고 다른 문화 사람들의 생활양식을 체험하고 교류하는 기간이 되었다. 그 어느 때보다도 한국체류가 이론적으로 성숙되고 국제적 친선도모의 실제적 교육장(場)이 되었으며, 다른 세계관 및 습관의 수락자가 되었다. 그것은 교훈 기간이었으며 근본적으로 악의에 직면한 현재의 분쟁, 즉 민족적, 국제적, 정치적, 종교적, 그리고 인간적인 공동생활에 대한 편협을 제거하는 문제와 결부되는 것이다."

새로운 도시계획에서는 만세교가 "빌헤름 피크대로"와 직결되는 것을 볼 수 있다. 만세교 북쪽의 작은 도시 오로리는 성천강 서안에 설치된 철도선으로 연결된다.

성천강과 호련천 두 강 사이의 반룡산 남부에 일본인들은 무질서하게 도시계획을 했다. 나의 고등학교 시절인 1948년에는 좁고 엉클어진 길과 낡고 지저분한 건물들이 많이 늘어선 거리였다

〈그림 7〉
한국의 인접국들
(일본, 중국과 러시아)

〈그림 8〉
계획지대 함흥과 흥남
(륏쉘 서류집.
저자 소장)

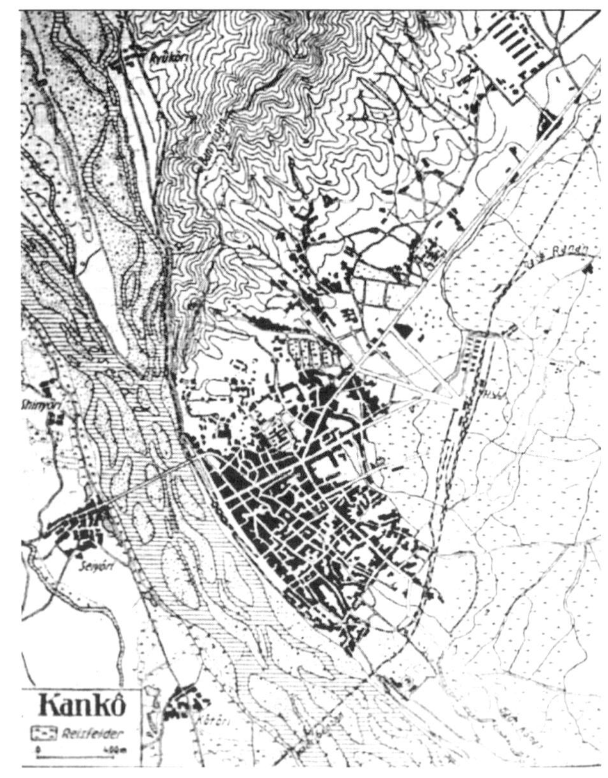

〈그림 9〉
1930년대의 함흥(일본말로 '간코').
한국과 일본의 Meer Suam
핏쉘- 복사(핏쉘 서류집. 저자 소장)

〈그림 10〉 1954년경의 함흥(출처: C. P. Werne) 문고집)

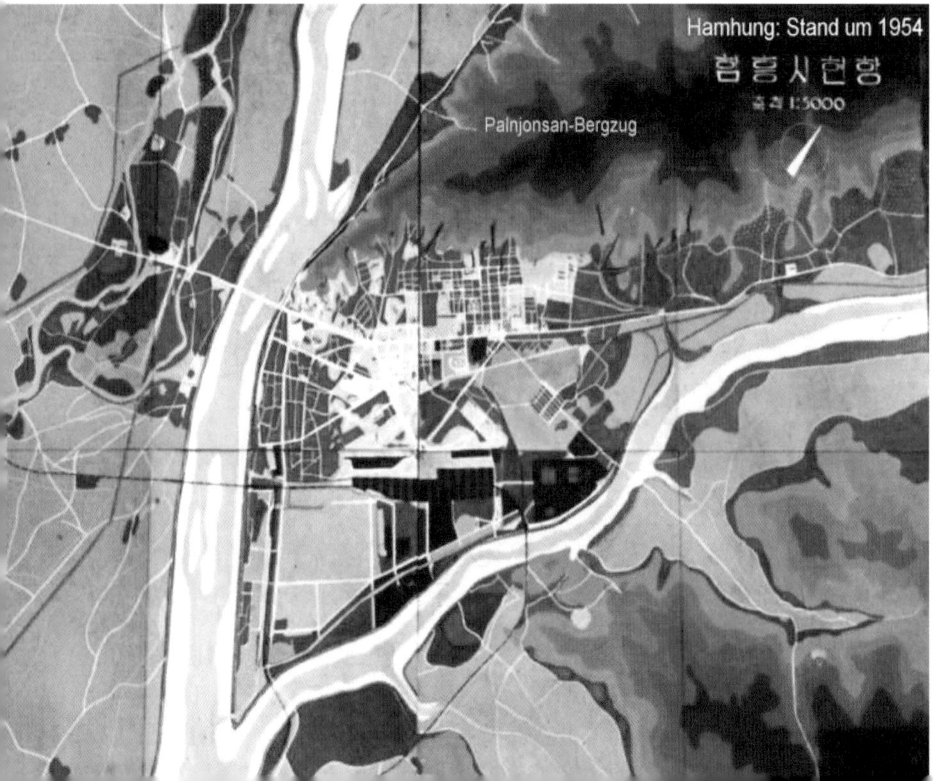

Hamhung: Stand um 1954
함흥시현황
Palnjonsan-Bergzug

함흥시 도시계획

1953년 한국전쟁이 종결됐을 때, 함흥의 모습은 제2차 세계대전 후의 구동독의 파괴상에 비교할 만큼이나 끔찍했다.

〈그림 11〉(좌) 1955년초 함흥의 파괴상태(퓟쉘 서류집. 저자 소장)
〈그림 12〉(우) 1955년말 함흥 사진, 원경 호련천 쪽에 새로 건설된 주택들

1945년 이후에 독일의 재건설에서 얻은 이론적, 실질적 경험이 함흥 재건단의 기술적 기반이 되었다. 구동독 도시의 재건설을 위해 몇 차례의 기존 법령을 개정하여 근본적이고 중요성을 가지고 또 구속력이 있는 새 법규를 만들었다. 이것은 1933년의 "도시계획의 제16개 기본조항"을 재건설에 적용하는 개정 기본조항이라고 말할 수 있다. 1933년 이전에 관계자들은 도시계획과 건축적 지식을 소유하고 있었다. 바우하우스에서 획득했으며 이것이 독일도시 재건사업에서 더 세련됐다. "16개 기본조항"에 따른 소구역 도시계획의 실현은 독일 데사우(Dessau), 막데부르크(Magdeburg), 노르트하우젠(Nordhausen), 로스토크(Rostock), 드레스덴(Dresden), 라이프치히(Leipzig), 그리고 베를린(Berlin)에서 먼저

시작됐다. 이 계획도면은 구동독에 많이 공개되었으며 전문 학계에 많이 알려진 것이다.

비록 독일 기술자들은 고향의 파괴된 도시 재건요구사항에 대해 잘 알고 있었으나 한국전쟁에서 파괴된 기형(奇形)성과 동양인들의 특히 한국인의 일상생활 형식과 요구조건을 전혀 알지 못했다. 이에 관해서 나는 2012년 9월 15일에 게르하르트 슈틸러(Gerhard Stiehler)와 대담했다.[102] 그는 다음 같이 말했다. "당시 독일 기술자들은 유럽과 동양간의 생활양식 차이와 전통적 주택구조의 이질성을 고려하지 않고 그냥 그들의 경험에만 의존해서 설계만 했다. 한국 도시의 주택 및 기타 건물의 파괴량이 2차 세계대전 때 독일이 입은 파괴량보다 훨씬 적었던 것은 한국의 미비한 인프라 시설과 전통적인 목조건물 그리고 간신히 포장된 도로만이 존재하고 있었기 때문이기도 하다. 그런데도 미군의 폭격으로 북한의 도시들은 말 그대로 평평한 평지가 됐다. 이것은 도시계획가들에게는 훨씬 적은 양의 디자인 명세서를 마련하는 일이기도 했다. 또 고정 도시계획의 형태로 미래의 구조적 네트워크를 형성하는 데 의존해야 했을 것이다."

게르하르트 슈틸러(Gerhard Stiehler)가 서술한 바와 같이 북한의 재건을 위해 구동독 도시계획가들은 두 가지 중요한 기본원칙을 가지고 왔다.

1. 일반적으로는:

구동독의 파괴된 도시에 대한 자신들의 경험으로서 재건설하는 능력이있었다. 그리하여 독일인들이 한국전쟁에 대해 많이 주목을 기울였다.

---

102) 슈틸러(Stiehler)와 기타 재건단원과의 저자의 인터뷰는 3. 3. 1장에 소개됨.

또 자기들에게 많은 전후 문제가 있음에도 불구하고 한국과의 연결성을 유지하였다.

2. 구체적으로는:

자기들의 도시재건 경험을 북한인들에게 즉시 전달할 수 있었다. 또 독일 재건단은 많은 이론적 · 실질적인 목표설정을 가지고 있었으며 여기에 이데올로기적으로 영향을 받은 시대적 정신의 특징이 있었다. "재건하는 도시의 형태는 새로운 사회주의적 사회질서와 주민들의 지방적인 요구조건에 공정해야 된다."[103]

여기에서 중점은 도심과 주거지역의 설계를 잘 하는 것이다. 16개 기본조항 외에도 간접적으로 국제적인 계획과학의 연구결과도 유입됐다. 이렇게 1920년대 미국인 클레렌스 페리(Clarence Perry) 씨의 근린주거지역(Neighbourhood Unit, 소구역)에 대한 디자인 연구결과의 혜택도 받은 것이다. 동독에는 이 사실이 공식적으로 알려지지 않았지만 독일 도시계획가들은 암암리에 알고 있었을 것이라고 게르하르트 슈틸러(Gerhard Stiehler)가 언급했다. 그는 한 국제회의에서 국제화에서 생긴 과학적 연계성 질문에 대해 이런 답변을 한 바 있었다. 1960년대에 동독 할레-노이슈타트(Halle-Neustadt)의 제2 책임건축가였던 칼 하인츠 슐레지어(Karl Heinz Schlesier)가 나에게 보낸 2015년 9월 18일의 편지에 의하면, 1960년대의 구동독의 전문가들과 국제전문가 사이의 연계성에 대해 "냉전시대의 철의 장막에도 불구하고 구동독의 도시계획, 주택건

103) 프란크R (Frank R.)의 "동독과 북한" 1996년. 29-30 쪽참조.

설 그리고 일반 건축전문가들은 이 좁은 동독이란 섬(島) 안에서 외부와 차단되어 있었던 것은 아니고, 항상 국제적 교류정신에 관여했다."고 말했다. 바우하우스(Bauhaus)의 후계자들은 시암(CIAM)운동이나, 네덜란드, 스웨덴, 서독일 그리고 소련까지도 연구한 뉴타스(New Town)의 개념이나, 미국의 연구결과에 입각해서 발전된 영국의 근린주거지역(소구역)의 연구 결과와 연계가 있었다고 말했다.

함흥시 계획의 작업

구동독 도시계획 설계진은 함흥 도착 직후에 그들 내에서 총계획을 위한 현상모집식 초안 작성이 있었다. 게오르그 테그트마이어(Gerog Tegtmeyer) 초안은 함흥의 옛 명동거리였던 본정거리(本町通) 대신, 새로 만세교에서 함흥 시청까지 직선으로 연결하는 대로(大路), 즉 함흥 도심축(軸) 대로 계획을 제안했다.(나중에 이 대로가 실제로 건설됐고 그 대로의 첫 이름이 빌헬름 피크대로(Wilhelm Pieck Boulvard)라고 명명됐다. 현재는 정성거리로 알려져 있다.) 둘째 초안은 페터 될러(Peter Doehler)가 제안했다. 도심을 옛 함흥역을 중앙광장으로 하고 프랑스 베르사르르유궁의 다르메광장(Versailles Place Darmes)식으로 중앙광장에서 세 방사선 도로가 성천강을 건너 함주(옛 조양리)구역으로 연결되게 했다. 퓌셸(Püschel)의 셋째 번 초안은 시간상 끝내지 못했다. 그리하여 결국 페터 될러(Peter Deohler)의 설계초안을 더 개선하기로 결정했다. 설계가들은 미술용 2B 연필로 투사지에 스케치하며 서로 열심히 토론했다. 많은 스케치 종이가 휴지통에 버려졌다. 그리하여 몇 장의 계획 도면만이 남게 되고 그 초안들에 대하여 개별적 변형작업을 하는데 시간이 소요됐다. 결국 초안을 확정하는 과정은 매우 더디게

진행됐다.[104)]

1955년 7월에 될러(Deohler)의 설계초안을 바탕으로 한 기본계획의 도면이 축척 1:2000으로 제작됐다. 이 도면이 함흥재건의 총계획안이 결재될 때까지 유효(有效)문건으로 사용됐다. 이 총계획도에 따라서 함흥시 재건이 시작되었다.(결재 전에). 공적인 소문으로 동독 설계가들의 설계를 기초한 소련건축연구소가 제작한 설계도도 있었다는 이야기가 돌았다. 나는 함흥시 설계사무소에서 설계된 함흥시가 모형을 본 적이 있었다. 나무조각으로 만든 모형에 수목이 도로를 따라서 배열되어 있던 것을 기억한다. 게르하르트 슈틸러(Gerhard Stiehler)는 구동독 도시설계가들이 함흥재건 계획사업을 착수하기 전에 함흥시의 기존 기술자들이 이미 만든 함흥시 재건설 모델을 면밀히 음미한 후에 그 초안의 허점을 비판하였다. 그 초안에 잘못된 것이 많으며 재고해야 한다고 말했다. 예를 들어 기차역 앞마당이 도시주민 생활의 중심지로 계획됐다고 지적했다. 동독 설계진은 한 도시 혹은 구역의 중심 건물들은 일정한 도심의 중요한 장소에 배치해야 된다는 주장이었다. 한국(북한)인이 만든 주거지역에 대한 계획은 지방적이고 자연 공간적인 조건을 잘 고려하지 않았으며 래스터(grid-like, 격자) 모양의 주거지구가 너무 많다는 것이다. 산과 강의 자연조건을 무시하고 건설지역의 과도한 구조물이 배치되어 있는 것을 포착하지 못했다는 것이다. 이 계획구조는 동아시아의 전통적 도시생활의 요구조건을 전혀 참작하지 않았다. 이런 계획초안은 모든 도시에도 적용될 수 있을 것이다. 그리하여 동독 도시계획 설계진은 함흥시를 표현할 수 있는 자체 접근점의 개념을 집중적으로 고려했다(이것은

104) 2013년 봄에 게르하르트 슈틸러(Gerhard Stiehler)와의 인터뷰에서 인용.

슈틸러의 생각). 처음에 함흥시가 함경남도 도청소재지며 동시에 도시구역과 도청소재지인 것을 도시구조의 구조적 관계 축에 반영해야 되고 가능하면 동아시아 전통의 형태에 가까워져야 된다는 것이다. 결국 도청, 시구역 그리고 시청건물이 도시의 중심으로 되는 것이다. 동독 도시계획 설계진은 도심에 999개의 방으로 구성되는 정치권력 중심의 건물들이 네모꼴로(squarely, 수직교차식) 배치된 중국 북경의 자금성(紫禁城)을 절대적인 동아시아 건축 전통으로 간주했다.

〈그림 13〉 교통계획도. 함흥의 중요 도로(1955)

함흥 설계가들은 성천강 너머에 있는 함흥 제5구(區)인 함주구를 서쪽 한계선으로, 북쪽에 있는 반룡산 줄기를 북쪽 한계선으로, 그리고 남쪽의 호련천을 남쪽 한계선으로 하는 지역을 함흥시의 총 영역으로 보고 도시계획을 구상했다. 즉 함흥은 길게 늘어선 반룡산을 배경으로 하고 반룡산 줄기와 나란히 흐르는 성천강을 총 영역내에 흐르는 강, 그리고 그 강 너머에 함주 제5구 지역을 두고, 도심 중심부는 역시 반룡산 남부에 두는 아이디어를 구상했다. 그리고 도심 중심점부터 도시 외각으로 퍼져나가는 방사선식 도로축 2개를 성천강 너머로 연장하여 함주 구역과 연결하는 안을 구상했다. 도시 중앙광장에서 성천강 만세교에 이르는 도로축에 연하여서는 문화회관, 백화점 등을 배치하는 초안을 구상했고, 성천강 양안(岸)에는 주민이 일상생활에 필요한 주택 등을 배치하고 만세교의 동단(東端) 부근을 소구역 중심점(local city center)으로 만드는 구상을 했다. 이 소구역 중심점은 바로 반룡산 줄기의 남단(南端)에 해당하는 지역이다.(지금은 이 지역에는 옛 낙민루(樂民樓)를 포함한 시민공원이 들어섰고, 주체사상 채택 이후에 김일성 동상이 세워졌다. 또 대형 백화점도 들어섰다.)

다른 도로축 하나는 함흥 중앙광장에서 시작하여 성천강 쪽으로 뻗어 제2 성천강 다리를 넘어 함흥평야로 진입하는 도로이다. 이런 도시계획 초안은 16가지 기본조항과 관련이 있는 바, 여러 조항에 도시계획 방법의 기본원칙이 자연적 조건을 기반으로 하고 있다. 도심중앙 광장부터 시작하는 중앙축 넓이와 건물 높이 등의 계획은 동독 도시계획 설계진 내에 여러 해결 초안이 있었다. 우뚝 솟은 건물을 짓는 디자인 문제, 내적 혹은 외적부터의 교통연계 문제, 그리고 높거나 낮은 녹지대 계획, 넓은 전망 공간, 혹은 연속적으로 되는 여러 개의 녹색 공간 설치 등 총 계획도가 평양의 결재 후에도 결재안은 계속해서 상세 설계가 추가됐다. 도심 중앙축 양편의 중요 대지계획 작업이 계속됐으며 중앙 광장부터 두 교량 사이에 여러 계획에 대한 추가 초안이 마련됐다.

후에 중앙 지대 계획에 대하여 될러(Doehler)가 단독 처리했기 때문에 설계팀 내에서 "될러는 북경 자금성(紫禁城) 안에서 일한다."라는 소문이 돌면서 그를 조롱했다. 기차역(반호프) 거리와 시범도로(Wilhelm Pieck Street) 사이에 배치된 중앙광장이 함흥의 도시계획적 핵심[105] 부분이다.

성천강 쪽으로 펴지는 세 개의 방사축(放射軸)과 광장 서쪽의 공원 축이 서상구의 중심지역에서 끝난다. 일련의 장소 공간으로 성천강가에서 펴지는 중앙 축은 중앙광장에서 하이라이트가 되며 동쪽에는 잘 디자인 된 정원공간이 있고 최종적으로 공원대지에서 끝난다. 축의 공간 배열은 축의 구조적 악센트에 해당한다. 설계자는 이 축의 대로를 다음과 같이 표현한다. 만세교 서쪽의 함주구의 교두보(橋頭堡, 만세교를 지키는 서쪽 보루)에서 시작하여 함흥 쪽 교두보(만세교 동쪽 보루)까지 도달하고 연단(트리뷴)의 중앙 부분에서 계속해서 종결한다. 마침내 중앙광장의 본관에서. 중앙광장의 공원 축에 있는 포인트는 회상(會上) 구역 광장, 도시 공원 호수, 도시설계상의 문화궁전(노동궁전, 소년궁전...), 중앙 장소의 본관과 도시의 클라이막스로써 이쪽으로도 도달하는 건물이다. 안뜰과 안락한 집을 짓고 함흥 주변지역에 한국 전통의 도시계획의 기본원칙을 통합하려는 시도가 있었다.(〈그림 14〉과 〈그림 15〉를 참조)

105) 퓟쉘 문고집 10171, 91쪽.

〈그림 14〉 함흥시 총계획도. 중요 도로의 이름, 1955년 7월(핏쉘문고, 저자 소장)

〈그림15〉 3개 방사선 도심도로. 도심의 함주구와의 연결성. 될러. 1957년(핏쉘문고, 저자 소장)

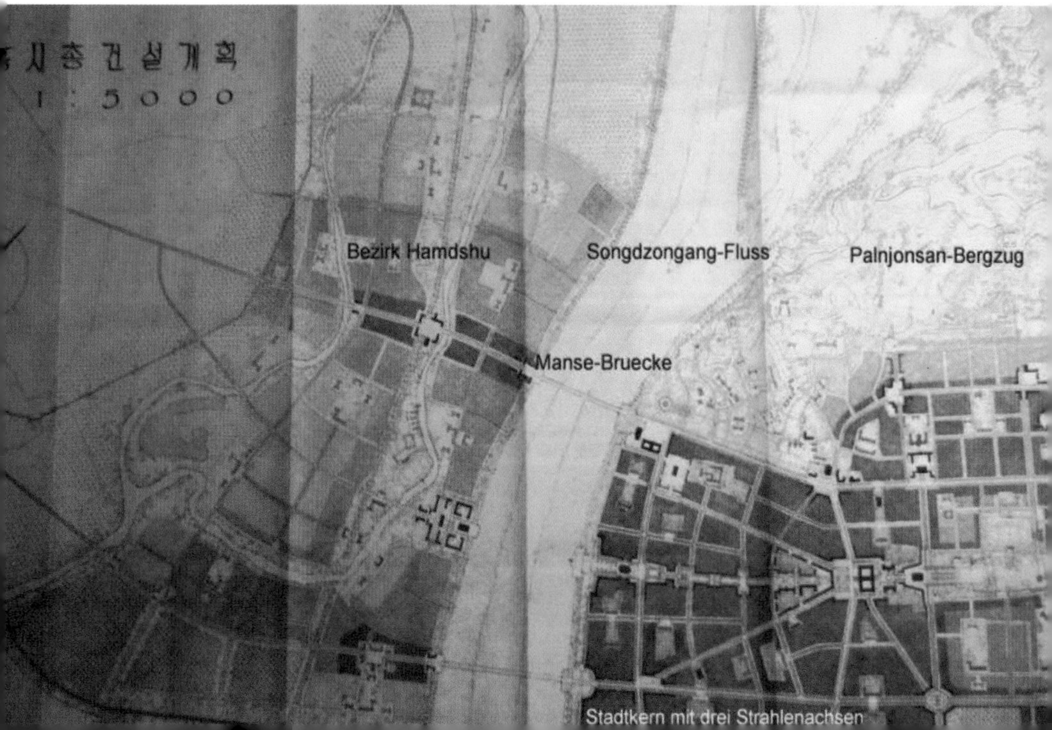

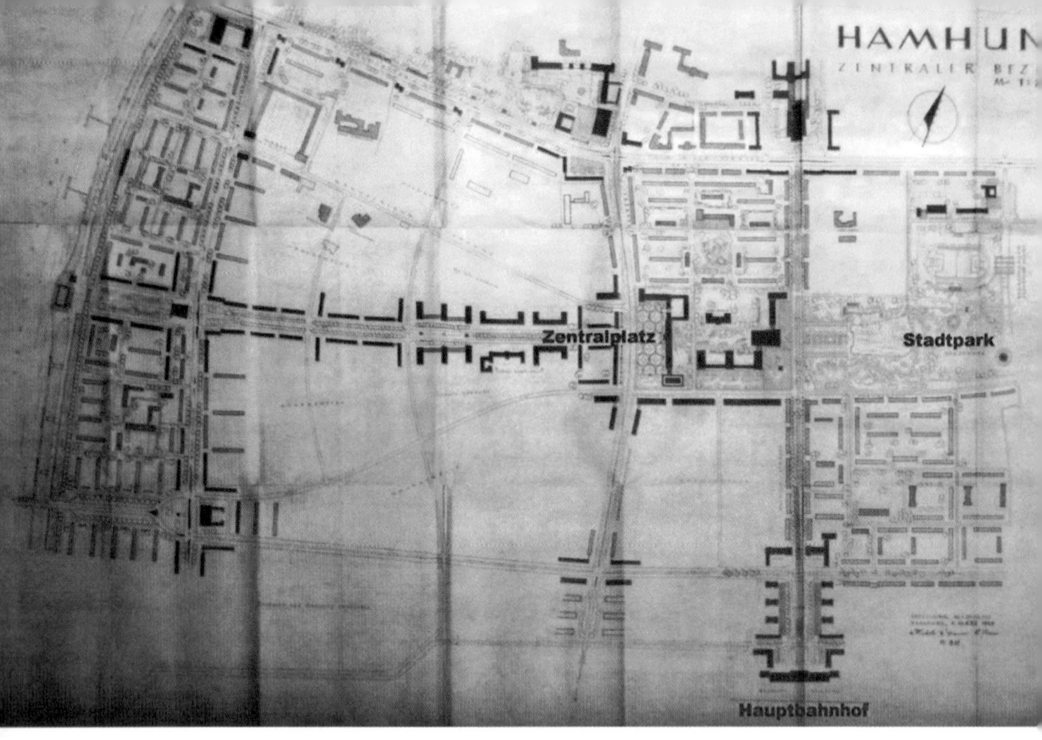

〈그림 16〉 곡선으로 된 기본축과 결부되는 함흥시 도심도로 계획스케치
(아래 도시공간의 설명을 참조)

〈그림 16〉은 중앙광장에서 시작한 한 방사선 도로가 좀 구부러지면서 성천강변에 이르는데, 이 도로의 계획발전과정[106]을 퓟쉘과 좀머러(Sommerer)가 공동작업으로 그린 스케치이다. 그들은 이 계획에 16개 조항 제9조(도시의 얼굴, 그것의 개인적인 예술적 형태는 광장, 주요 거리 및 도시의 중심에 있는 지배적인 건물(고층 건물의 가장 큰 도시)에 의해 결정된다. 광장들은 도시의 계획 및 건축 구성의 구조적 기초다)을 적용했다.

106) 될러(Doehler)의 1957년도 설계스케치. 성천강 건너편 함주구와의 도심의 연결성. 6쪽의 설명서 참조. 퓟쉘(Pueschel) 서류집 10171, 91쪽에서 발췌 "도심은 정치적 중심이며 이 광장에서 정치적 데모가 진행됨. {…… }"

함흥시 제3 소구역의 계획

“행정, 경제, 문화 및 사회생활의 도시는 명확한 윤곽이 주어진 경우에만 관리가 용이하다”[107)]

“도시계획의 제16개 기본조항”에 따라서 퓟쉘(Püschel)은 주택지역의 구조를 계층적인 체계라고 명시했다.

도시계획에 대해서는[108)] 도시 조직체의 최소단위는 근린주거지역(Wohnkomplex)이다. 서비스 면에서 일반 교육학교가 있다. 이 소학교 어린아이들이 얼마나 되는지에 따라 근린주거지역의 주민수가 결정된다. 한국 사정으로는 한 근린주거지역의 주민수는 약 3,500명이다. 주민의 수(數)에 따라 필요한 주택수가 정해지고 근린주거지역(소구역)에 필요한 서비스 시설이 결정된다. 근린주거지역의 면적은 주택 건물의 높이와 발생할 은 있는 중심 성격의 시설들에 연관되는 것이다.(〈그림 17〉과 〈그림 18〉 참조)

107) 퓟쉘문서집 10018, 제 5조항 분열, 바우하우스문고집

108) 퓟쉘문서집 10018, 제5조항분열

〈그림 17〉 좀머러(Sommerer)의 함흥 총계획도의 스케치
퓟쉘의 (Pueschel)의 문고집, 바우하우스. 카를 좀머러 (Karl Sommerer)의 스케치(제5대 도시계획팀장) 1959. 10. 26, 사진의 오른쪽 밑에 좀머러의 사인(서명). 붉은색 원안이 함흥 제3 소구역임.

함흥 제3 소구역(붉은색 원안, 그림17)은 총면적 22ha(448mx494m)로서 근린주거지역 1, 2의 동쪽인 회상리에 배치되었다.[109)] (〈그림 17〉 참조)

그림 18의 서비스시설 들의 명칭 설명: 세탁소=Waescherei.

공동차고=Sammelgarage.	소학교=Grundschule.
유치원=Kindergarten.	탁아소=Kinderkrippe.
상점=Laden.	식당=Gaststaette.

109) 퓟쉘의 문고집: 1956. 8. 30 제작

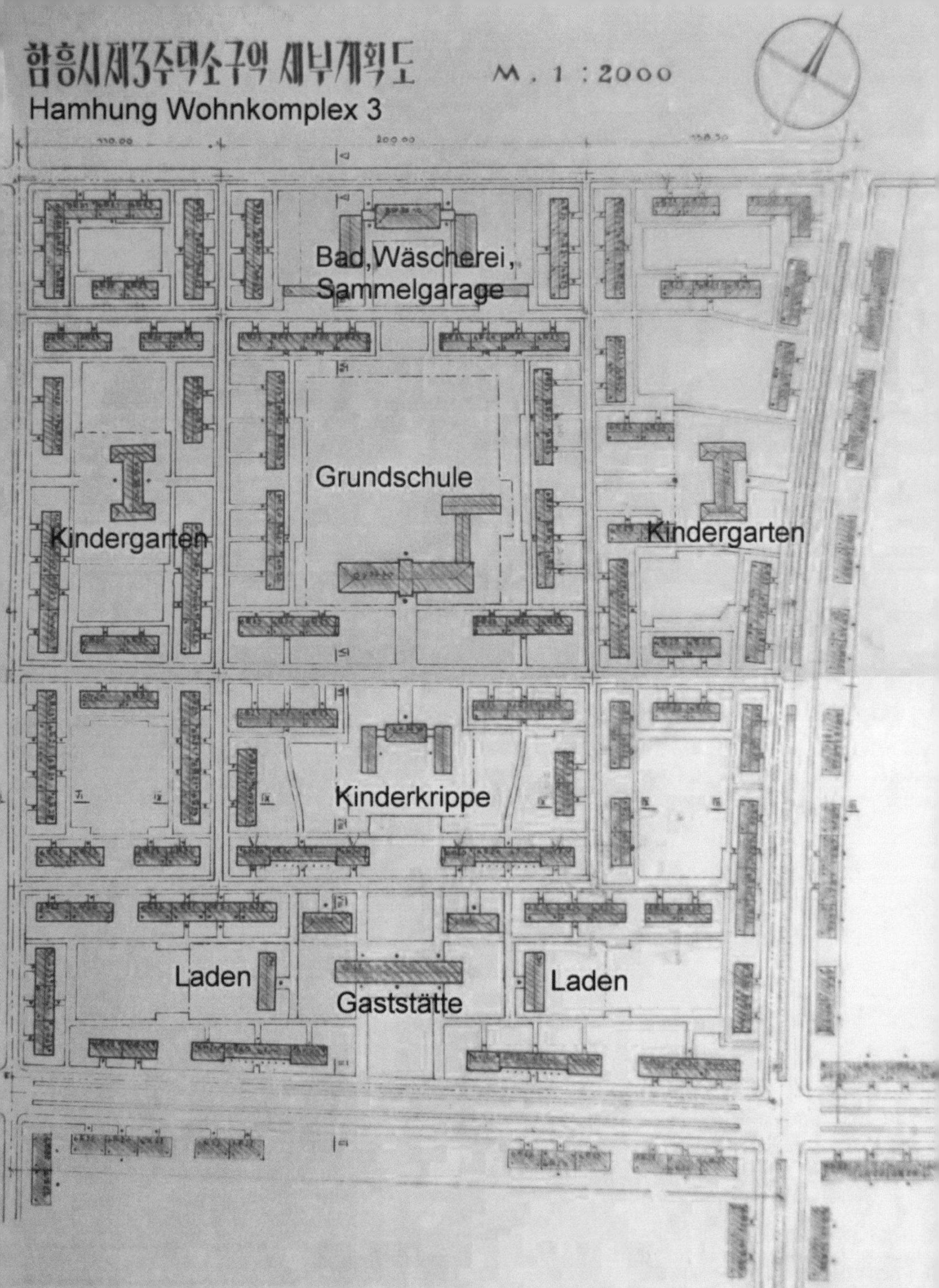

〈그림 18〉 함흥 제3 근린주거지역 상세도면(퓟쉘의 문고집: 바우하우스: 1956년 제작)

제1, 제2 근린주거지역은 1956년까지 서비스 시설과 같이 단층 건물이었으나 그 후에 2층 건물로 건설됐다.

제3 근린주거지역에는 대다수가 2층 주택 건물로 계획됐고 이러므로 2층 건물로 된 제1 근린주거지역과 잘 조화됐다. 대다수의 건물은 1956년에 독일 재건단 건축연구부에서 설계한 표준 프로젝트로 시공됐다. 규칙적인 건설에 따라 대부분의 주택과 도로가 서로 직각으로 배치됐다. 건설 대지의 유리한 위치와 방향 관계로 사방으로 햇빛이 든다. 엄격하고 균형 잡힌 시설로 인해 서비스 시설의 체계적인 배열(〈그림 18〉참조)과 그것으로 생기는 축이 상호적으로 균형이 강조된다.

건축자재로는 구운 벽돌과 태양열로 건조된 점토벽돌이었으며 지붕은 구운 기와벽돌로 덮였다. 지붕경사는 30°이다. 집 전면(前面)에는 한국식 마루를 도입하여 이 근린주거지역의 외관에 한국적 매력감을 느끼게 했다. 이렇게 한국의 전통건축을 채용함으로서 한국 파트너들과 생기는 초기의 난점을 극복하게 됐으며 설계실과 현장간의 팀워크가 순조로웠다.

〈그림 19〉 현존하는 5개 도시계획 구역에 근린주거지역 적용 총계획도 (재건단의 문고집, 바우하우스 소장)

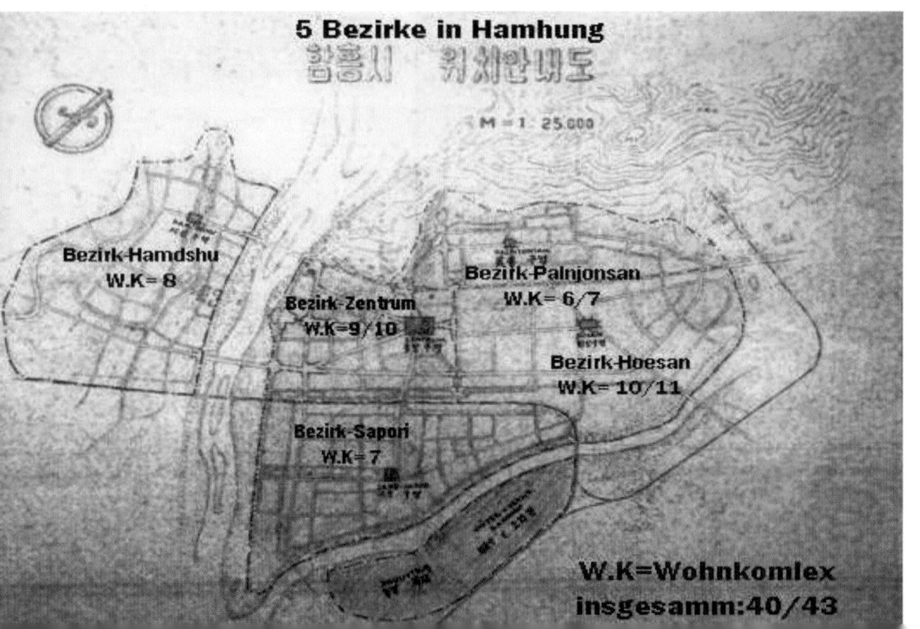

"근린주거지역" 정신 하에 독일 도시계획 재건단은 "소구역(Wohnkomplex)"을 도시조직체[110]의 최소 계획단위로 간주했다. 근린주거지역은 1950년대 초기의 견해에 따라 일반 교육학교(소학교)를 중심으로 하는[111] 서비스 지역에서 생긴 것이다. 소학교의 학생 수는 하나의 근린주거지역의 주민 수와 연결성이 있다. 북한에서는[112] 한 근린주거지역의 주민수가 약 3,500명이다. 이 주민수에 따라서 하나의 근린주거지역에 필요한 주택수가 계산되며 이에 필요한 서비스 시설이 결정된다. 하나의 근린주거지역의 대지 면적은 주택 건물의 높이 그리고 그 중의 중요한 시설물과도 연계된다.

여러 근린주거지역이 합하여 한 도시구(區)가 되며 이것이 다시 전 도시의 경제면과 대응하는 것이다. 이 도시기능은 경제적 구조에서 발생된다. 이것은 공업 도시적인 도시 성격을 갖게도 되고 역시 문화적, 행정적 그리고 경제, 정치적 시설을 수용한다. 공장지역은 주거 지역과 분리돼야 하며 전제 조건이 없어야 된다.[113]

함흥시는 총 계획도에서 아래 표와 같은 분포를 기준으로 했다.[114]

5개구역	주민수	ha/건축면적	소구역수
1 중앙구역	35,000	203,5	9 – 10
2 발룡산구역	5,000	143	6 – 7
3 회상구역	38,000	250,5	10 – 11
4 사포리구역	7,000	125,5	5
5 함주구역(함주/서상구역)	3,000	190.5	8
합계	88,000	913.5	40 – 43

110) 퓌쉘의 문고집 10018 제5장, 바우하우스 소장

111) 퓌쉘의 문고집 10018 제5장, 바우하우스 소장

112) 퓌쉘의 문고집 10018 제5장, 바우하우스 소장

113) 참조, 16개기본법, 제10조항: 주택지역은 주택구에서 이곳에서 주민에게 필요한 문화–서비스시설과 사회 시설 등……"

114) 비교 요망. 퓌쉘 문헌집 10018. 3-4쪽. 바우하우스 소장

함흥시 도시계획에서 독일설계팀은 16개 원칙을 모범적으로 이행했다. 설계 이행 중에서 16개 조항과 적용된 일치성 구절은 아래에 글자색으로 명시하였다.

2) 도시 중앙광장의 변체성(變體性, variant)[115)]

위에서 언급했듯이 구동독 도시설계팀[116)] 내에 함흥시 중앙광장 디자인 문제로 이견이 있었다. 콘라트 퓟쉘(Konrad Püschel) 제1 팀장의 초안과 카를 좀머러(Karl Sommerer) 제5 팀장의 초안은 대동소이 했으나 기본문제에서 대립이 있었다. 퓟쉘은 1959년 1월에 그의 초안을 작성했고, 그 자신이 인정한 것처럼 "당(黨)·시(市)정부 및 기타 행정기구, 문화, 무역 등의 시설 위치를 이미 팀간에 상호 합의한 사항을 무시했고, 또 구조의 정확한 치수도 명시하지 않은 채 다만 서술적으로 제안된 프로그램"일 뿐이다.[117)] 그런 반면 좀머러(Sommerer)는 1959년에 두 차례 업체[118)]와 디자인에 대해 토의를 한 후에 자기 초안을 공개했다. 당시의 실제상황을 고려하면 좀머러(Sommerer)는 퓟쉘(Püschel)의 초안을 참고할 수 있었으며 사상적(사회주의적 혹은 설계 아이디어 생각)으로 대립되는 구절은 직접 명백히 지적하지 않았다. 첫 번째 예로서 두 계획가들이 중앙광장의 위치에 대해 의견을 일치하는 일이고, 두 번째는 광장의 연단(演壇)

115) 퓟쉘 문고집 10171, 좀머러 문고집 10255

116) 프란크, 에르: "동독과 북한 "1996. 71-74쪽

117) 퓟쉘 문고집 10171, 83쪽, 바우하우스 소장

118) 좀머러 문고집 10255, 2쪽, 바우하우스 소장

위치에 대해 의견을 일치하는 것이다. 중앙광장으로 적합한 장소를 정하는 것조차도 북한 지도자들의 정치적 생각에 의해 결정되는 것이어서, 휫쉘은 이런 사항에 대해서도 충분히 고려하고 설계작업을 수행했던 것이다.

휫쉘은 기존에 있는 낡은 한국 광장들은 너무 작고 또 도시 중앙에서 멀리 떨어져 있음으로 중앙광장의 기능을 적절히 수행할 수 없다는 것이다. 한편 일제강점기의 큰 광장은 있으나 역시 멀리 떨어져 있어서. 이런 장소는 새로운 사회주의 콘텐츠를[119) "성취" 하더라도 "도시와 주민과의 관계를 연결"하는 방법이 아니라고 생각하여, 휫쉘은 다음과 같이 중앙광장을 "완전히 새로운 위치"로 도심에 선정할 것을 제의했다. 이것은 함흥 중앙지역에 있는 빌헬름 피크대로(Wilhelm Pieck Street)와 남쪽에 있는 "김일성거리(함흥 기차역전거리)" 사이에 중앙광장을 형성하는 계획이다. 이 직사각형의 광장에는 그 영역 내에 두 개의 십자로를 내기로 했다. 이 두 길의 교차점이 시의 중점이 되고 이 중점을 기준으로 하여 새로운 방사축으로 된 세 도로를 성천강 쪽으로 건설하는 것이다.[120)] 휫쉘의 설명서에 의하면 중앙광장 위치에 대해 네 가지 결정적인 원칙을 적용했다. 여기에서 세 가지는 "사회주의적 재건설"이라는 홍보를 하는 것이다. 그 외에 중앙광장을 길쭉한 모양으로 만들어 도시지역에 삽입하는 것인데 이에 대하여 휫쉘은 다음 같이 그 이유를 설명한다. "만약 당신이 귀중한 정치적 기능과 사회주의를 성취하는 상징물을 도심에 원한다면, 중앙광장은 고립된 장소가 되어서는 안 된다." 그는 시내에 광대(廣大)하고 시민이 감응(感應)할 수 있는 장소가 중앙광장이며, 시내 모든 지역과

119) 휫쉘 문고집 10171, 88쪽, 바우하우스 소장

120) 휫쉘 문고집 10171, 88쪽, 바우하우스 소장

연관돼야 하며 다른 광장들과 밀접한 상호관계가 있어야 하며, 또한 강변의 교량목들과 쉽게 연결되어야 한다고 주장한다. 그는 또 중앙광장의 대표적 기능 "특히 번거로운 시 중점을 통과하는 교통시스템"을 피해야 하며, 중앙광장이 교통망의 일부가 되어서는 안 된다고 주장한다. 그러기 위해서는 역시 "반룡산 기슭에 중앙광장을 두는 해법"을 제의했다. 그런데 많은 고층 건물이 반룡산 쪽에 배치되면 산을 전망할 수 없게 되는 우려도 생긴다. 한편 거리가 어디에 배치되는가에 따라서 설계의 효과적인 영향력이 생길 것이다.[121)]

카를 좀머러(Karl Sommerer)는 콘라트 퓟쉘의 논리에 보충할 것도 없었으며 또 비평도 하지 않았다. 즉 도시구조 중의 [중앙광장] 위치에 대한 논의는 좀머러의 추가설명[122)] 없이 정치권력을 과시하는 광장의 연단위치 문제에 대해 퓟쉘은 숙고(熟考)하였다. 중앙광장은 "중요한 경축일"과 "귀한 손님의 리셉션"을 위하여 35,000명까지의 청중을 수용할 수 있어야 된다는 것이다. 퓟쉘은 연단과 광장 자체는 "상호적" 관계가 있다고 보고 우선적으로 취급해야 한다고 서술했다. 즉 이벤트의 종류에 따라서 광장은 "관중을 위한 강당"이 되기도 하고 또는 "관중의 무대"가 되기도 한다는 것이다.[123)] 즉 퓟쉘은 관중 강당으로서 최선의 기능을 완수할 수 있는 설계에 집중했다. 그리 하려면 연단이 서쪽에 있는 "중앙건물의 맞은편에" 배치돼야 한다고 생각하였다. 그리하면 그 무대의 위치는 다음 같은 장점이 있다고 봤다.

---

121) 퓟쉘 문고집 10171, 89쪽, 바우하우스 소장
122) 좀머러의 문고집 10255, 4쪽, 바우하우스 소장
123) 퓟쉘의 문고집 10171 84쪽, 바우하우스 소장

"데모 행렬을 진행할 때나 특히 축하 퍼레이드(분열식)을 할 때 행렬사령관의 '오른쪽 눈'이 지장을 받지 않고 행렬을 인도할 수 있게 되고, 단상의 손님들은 오고 가는 분열식 대열을 잘 볼 수 있다. 대낮의 햇빛은 입장하는 대열에 유리한 조명(照明)이 되고 보도진의 사진촬영에도 좋은 조명을 제공한다. 시위운동, 데모 그리고 분열식, 특히 연단의 손님들을 위해 중앙 건물은 좋은 배경이 된다."

광장 디자인의 정당화는 북한의 권력과 단결의 발판을 마련해 주는 것이어서 마지막 세부 사항까지 신중히 생각해서 설계했다.

독특한 스타일로서 사회질서에 대한 주민 각자의 요구사항이 그려진다. 정부의 관심사에 대한 주민의 호응이 당연히 형성된다. 연단의 손님들과 보도매체 제작자들의 관심사는 일반 데모 참가자들의 관심사보다 우선권이 있는 것이다.

연단이 중앙 건물의 맞은편보다 그 앞에 배치되는 불리한 입장이 될 수 있다는 것은 퓟쉘의 경멸모독(輕蔑冒瀆)적 태도에서 비롯한 것이다. 그런 배치에서 중앙광장은 먼저 "시위대열을 위한 공간을 마련하고 관중석에 문제가 없는 시야를 제공해야 한다"고 하면서, 소위 "공개집회"의 진행을 30분까지 지연시킬 수도 있다고 한다. 또 일반적인 "차려!" 명령을 내리는 연단의 위치는 데모 전진방향이 남쪽에서부터 북쪽으로 향하게 하려는 것이다. "불편한 조명" 이외에 시위행렬과 중앙 건물 간의 조화가 없어지고, 그 대신 중앙 건물은 그 건축의 표현성을 다소 잃어버리게 된다. "역시 연단의 좋은 시야"를 확보하기 위해 일반 교통이 중앙 건물에 너무 가까이 지나가지 않도록 해야 되며 "보행자들의 중앙 건물에 대한 시야거리를 가깝게 해야 한다. 그러지 않으면 그 크기와 모습을 체험하지 못한다."[124] 이 문제에서 좀머러는 코멘트 없이 퓟쉘의 의견에 동조했다. 그러니 독자들께는 설계 설명이 불분명하게 남아 있게 된다. 그런 설계의 후계자들은 이전 설계의 이면(裏面)내용을 포착할 수 없게 됐다. 그래도 이 두 도시계획가들 사이에 문제 취급에서 미세한 차이가 있었다. 좀머러(Sommerer)는 그의 설계의 노동의 집, 연단(트리뷴)의 설계를 설명하는 데에서 "특별히 잘 형성된, 건축적 모습, 소규모 건축 수단 그리고 특정 진미와 가벼움이 있다"라고 말했다.[125] 이런 말은 퓟쉘의 설계에서는 전혀 없다. 그 대신 "중앙광장의 기능은 여러 사회질서 하에"라고 설계설명서에 적었다. 퓟쉘은 항상 광장들은 두 가지 기능이 있는 바, "사회생활의 집합처이며" 동시에 "세속적이고 영적인 힘을 다스리는 것을 대표하는 장소이며 그 영광과, 웅장한 크기와 권력이 국민 앞에 발휘되기를 바랐다."

중앙광장의 큰 정치적이고 문화적인 기능의 의미는 사회주의 도시의 주요 광장으로 다른 모든 시내 광장을 초월한다. 함흥 중앙광장의 기능은 함흥시 한계를 넘어서 여러 다른 도(道)의 모범이 되어야 한다. 이 같이 함흥지역의 지방적, 정치적, 그리고 문화적 상징은 함경남도의 상징이 되며 동시에 함흥시와 그 주민을 대표하는 것이다. 이 같은 큰 과업은 모든 건설 일꾼들이 책임을 지게 되며 당과 정부의 권한과 노동자와 농민들이 극복하는 사회주의 건설이 완성하는 힘을 표현한다. 이 과업은 역시 중앙광장의 건물의 주지(主旨)를 부여하고, 사회주의 사회를 건설하는 미래지향적인 과업이다. 그리하여 미래 세대는 함흥 중앙광장의 위

124) 퓟쉘의 문고집 10171, 85쪽, 바우하우스
125) 좀머러의 문고집 10255,5쪽, 바우하우스

대한 업적으로 행복하게 살 수 있게 된다.[126)]

위에서 중앙광장의 대표적 기능의 디자인에 대해서 이미 구체적으로 설명했다. 이것의 완성을 위해 핏쉘은 다음 같이 제의한다. 도당(道黨)과 인민위원회 그리고 시당(市黨)과 시인민위원회를 하나의 본관 건물에 수용하고 "도청, 시청에 오는 귀한 손님"을 위한 게스트하우스 건물도 중앙광장에 정착시키자는 것이다.[127)] 좀머러가 설계할 때에 도청건물을 중앙광장으로 이전하는 제안은 이미 부결됐다. 따라서 두 번째로 설계된 도청 본관건물은 단독적인 시 인민위원회의 우선순위 등급 아래로 떨어졌다. 본관처럼 중요한 건물은 이미 핏쉘이 고려한 도서관과 클럽하우스가 들어설 노동궁전이 되었다. 다만 대표 장소가 될 뿐 아니라 "사회주의 문화의 대표자"로서는 두 번째 설계는 첫 번째 설계보다 훨씬 높은 우선순위 등급으로 됐다.[128)] 이에 두 번째 계획에 보충적으로 극장 건물이 예정됐다.[129)] 핏쉘은 자세한 설명서에서 그 다음의 가능성을 지적한 바, 국가적 그리고 시읍면(市邑面)의 행정기관이 집중한 건물을 역시 중앙광장에 배치하자는 것이다. 이런 기능제안이 얼마나 제2 설계초안에 반영됐는지 설명서에는 기록하지 않았다. 그런데 좀머러는 막연히 "행정건물"이라고 표시했다. 철도 의사회관과 우체국[130)]에 대해서 전혀 언급하지 않았다. 보관된 문서를 보면 두 사람 사이의 편지에서 중앙광장에 예정된 집중적인 행정기관 건물은 문화기관 건물 때문에 취하됐다

126) 핏쉘의 문고집 10171, 82쪽, 바우하우스
127) 핏쉘의 문고집 10171, 83쪽, 바우하우스
128) 핏쉘의 문고집 10171, 86쪽, 바우하우스
129) 핏쉘의 문고집 10255, 7쪽, 바우하우스
130) 핏쉘의 문고집 10171, 87쪽; 좀머러 문고집 10255 4쪽, 바우하우스

는 것이다.[131]

퓟쉘에 따르면 중앙광장은 다만 "도민(道民)과 시(市)의 사회생활을 위한 모임 터"일 뿐만 아니라 도민의 퍼레이드와 "시위운동"까지 가능함으로 그 기능이 완수된다는 것이다. 이 광장은 최종적으로 "일상생활과 교통의 모임 터"가 되는 것이다. 좀머러는 이 면을 더 간결하게 설계했다. 그는 퓟쉘이 제안한 어린이 백화점, 일반 상점, 지상층에 상점이 있는 주택 등을 자기 설계에 추가적으로 삽입함으로서 자유시간과 휴식에 대한 관점을 보충했다. 노동궁전은 녹색 안뜰이 있는 복합건물 안에 융합시켰다. 좀머러가 설계한 외면 건물의 녹색 안뜰과 아케이드(arcade)에 벤치도 계획했다. 좀머러는 사이드 벤치 옆에 테라스(terrace)도 지어 여가시간을 지낼 수 있다는 것이다. 상점 건물, 레스토랑과 업스트림 카페에서 "좋은 날씨에는 손님들이 밖에 앉을 수 있도록" 해야 한다는 것이다. 최종적으로 지적된 설계초안은 "인간의 경험 영역"으로 된다는 것이 좀머러의 의견이다. 이미 위에 언급한 바와 같이 퓟쉘의 전망적 상설(詳說)은 분명히 너무 짧았다. 그 외에 좀머러는 6층 건물 대신 10층짜리 주택을 설계했으니 아마 퓟쉘의 초안보다 중앙광장에 더 많은 생활공간이 생길 것이다.[132]

결론적으로 퓟쉘와 좀머러의 두 설계는 세부적 차이가 있었는데 그것은 그들의 초점이 다른 것이다. 우선 두 번째 설계에서 문화적 면과 레저(leisure)영역 계획보다 결정적으로 중앙광장의 디자인에 주안점을 두었다. 문서를 자세히 정독한 결과로 좀머러의 설계는 퓟쉘의 초안을 단지 교정한 것이다. 좀머러의 주장은 자기의 "건물의 구성" 방식은 "완전

131) 프란크, 동독과 북한, 1996. 73쪽

132) 퓟쉘의 문고집 10171,84,87쪽; 좀머러의 문고집 10255, 5쪽, 바우하우스

히 다른 것"이라면서 첫째 설계에서 구성한 "기본설계의 원리"가 최종까지 유지됐다는 것이다.[133] 두 설계의 초점의 차이는 오히려 제출된 범위 내에서였다. 좀머러는 중앙건물의 세부설계에 몰두한 반면 핏쉘은 중앙광장과 기타 도시구역의 광장을 네트워킹(Networking)하는 일에 노력했다. 중앙광장은 고립된 추상적 물건이 아니고, 건축광장, 정원안뜰, 그리고 공원지역들이 상호간에 연결되는 유기적 관계가 있다. 시내 경관과 광장공간의 상호작용은 여기에서 특별히 나타난다.[134] 결과적으로 좀머러의 설계는 핏쉘이 기본적으로 구상한 중앙광장의 기능에 대한 개념설계를 교정한 것은 아니다.

3) 건축공정과 유형 개발[135]

함흥시 재건사업은 1956년 평양건설회의(Conference)와 북한 노동당 제3차 당회의에 기인(起因)되어 시작한 사업이다. 당시 사정으로 보면 이 사업은 아주 혁명적 사업이라고 지적할 수 있다. 이 사업에는 새로운 조립식 건물 구성 방법과 건설기계의 이용이 새로 도입되었다. 따라서 함흥은 표준화된 건설 프로젝트의 현장이었다. 그래도 이 표준화가 개략적으로 무생물적인 건축과정이 되는 것을 피해야 했다. 당시 일하는 모토는 외형은 민족적이며 내용은 사회주의적 요인을 포함하는 것이었다. 그런데 전통적인 건재인 목재 다음으로 쓰는 점토는 콘크리트로 대체됐

133) 좀머러 문고집 10255, 4쪽, 바우하우스

134) 핏쉘 문 고집 10171, 93쪽, 바우하우스

135) C. P.베르너(C,P, Werner)와 K. 핏쉘의 문고집

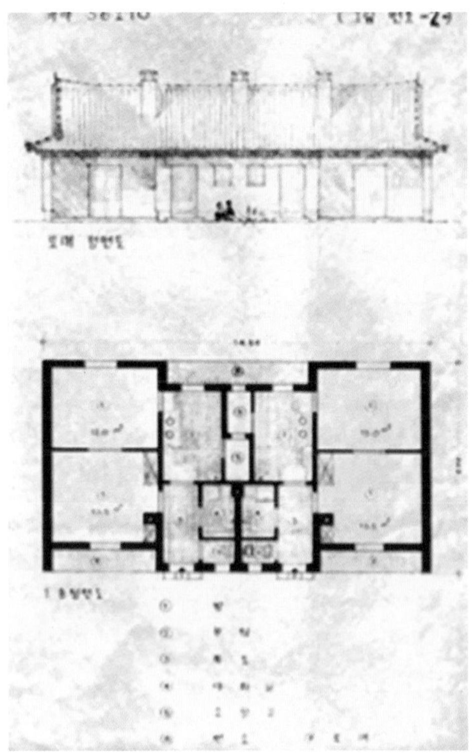

〈그림 20〉 온돌난방 방 2칸 2채 연립 1층 주택 건물

다. 그래도 건축디자인은 전통적 한국식을 활용하더라도 그의 개량과 개혁에 힘썼다.

대형 건물의 지붕모양의 형성 라인은 한국의 전통적 지붕모양 라인에서 따오는 디자인을 적용해야 했고 더 나아가 개량과 발전을 계속 시도했다(아래 그림 참조)[136]

이 새로운 아이디어는 1955년 6월에 함흥 동쪽에 있는 소구역에 현실화됐으며 타운하우스 요소 형식으로 온돌난방과 회반죽 점토벽으로 시공됐다. 지속적인 생산을 보장하기 위하여 동시에 점토 벽돌 제조공장을

136) 베르너 문고집 1쪽, 저자 소장.

시설했다. 1956년 정월에 처음으로 다층 온돌난방 주택이 건설됐다.[137)]

1955년 6월에 함흥 동쪽에 있는 소구역에 현실화 됐다. 함흥시청 설계연구소에서 1층짜리(위 그림 20) 세 개 사이에 연장주택(Erweiterung Extension)를 끼워 넣는 식의 연립주택 변형을 설계했다.(아래 그림 21) 이것이 나중에 기본표준형 주택이 됐다. 이 표준형은 도시계획적으로 서너 가족이 살 수 있는 타운하우스로 이용할 수 있으며 주택마다 두세 개의 온돌방, 취사장, 화장실, 샤워실 그리고 작은 창고와 입구가 하나씩 있다.

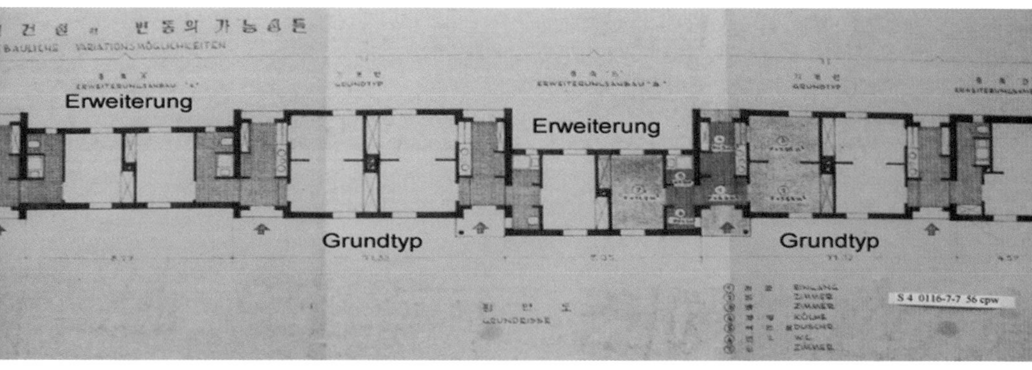

〈그림 21〉 주택의 변형·조합 가능성(C. P. 베르너 문고 2쪽, 저자 소장)

최초의 경험을 쌓기 위해 대량생산 설비공장, 목공장 그리고 콘크리트 공장 등이 추가로 건설됐다. 다른 사회주의 국가들의 지수표를 북한에서 인용했으며 이 새로운 표준치수는 벽돌 공업에 도입됐다. 그리하여 "필수적인 공장 표준"이 도입되고 이것으로 대량생산의 기초가 생긴 것이다. 예를 들어, 다층 개발을 위한 너비와 건물 깊이로 약 3.6m로 됐다.

137) C. P. 베르너 문고 2쪽.

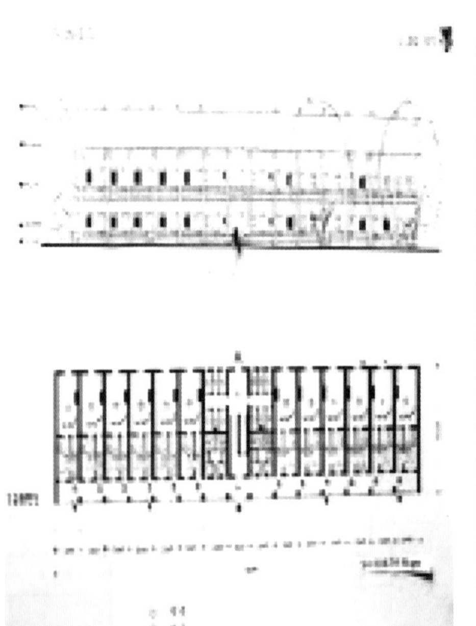

〈그림22〉 방 1칸 2층 주택

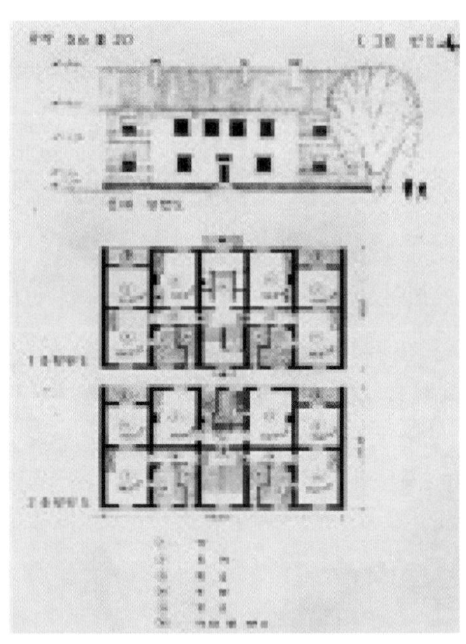

〈그림 23〉 방 3칸 2층 주택

〈그림 24〉방 3~4칸 주택

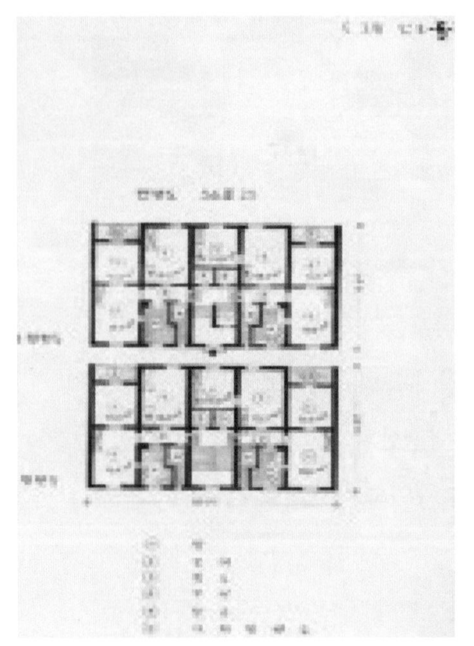

〈그림 25〉 방 3칸 2층 주택

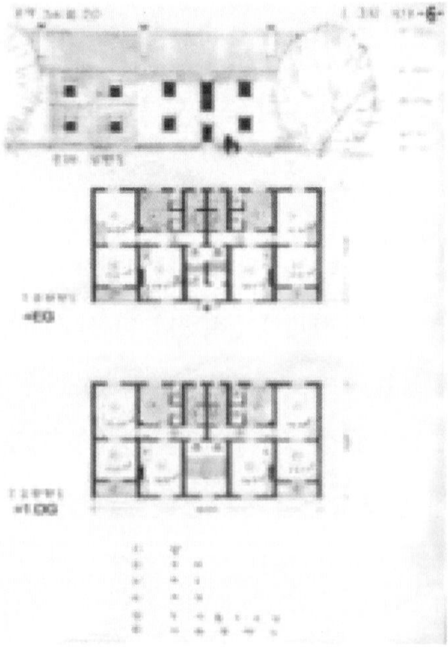

플레이트 디자인=판식공법(板式工法) 기준

1956년형은 다층 건물에서 점토(粘土)성형 벽돌건물이 3.60m, 3.20m 및 2.80m의 균일한 축측정을 고려하여 "디스크 설계의 규칙, 플레이트 디자인=판식공법(板式工法) 기준"에 따라 변형 측정 기준으로 적절한 공간 배치로 권장되었으며 동일한 건물 깊이에 구축되었다.

이 유형 시리즈는 1956년에 플레이트 디자인=판식공법(板式工法) 기준에 따라 점토 규격벽돌로서 균일한 벽간(壁間)이 축간(軸間) 사이즈 3.60m와 3.20m로 해당되는 경우에 편차의 치수로서의 방 배치가 추천되고 동일한 건물 깊이로서 시공된다. 점토벽은 절연(絕緣, Isolation)되어야 하며 벽돌로 추가적 밀봉을 하여 비에 의한 부식을 방지한다.[138] 지붕은 먼

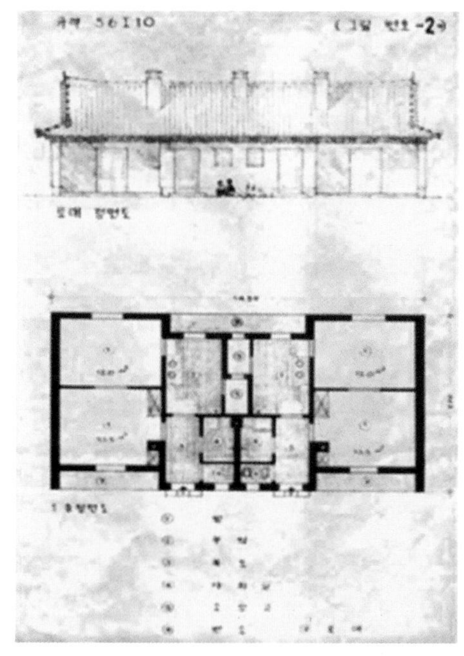

〈그림 26〉 한 층에 방 1칸 3세대용 2층 주택

138) C. P.베르너 문고, 3쪽, 저자소장

저 목재구조형을 짓고 그 위에 팬커버(pancover)로 덮었다. 방바닥은 점토, 인조석(人造石), 또는 이겔리트(Igelit, 독일제 합성수지)로 시공했다. 온돌난방은 아랫목을 뜨겁게 하는 식으로 했고, 취사장과 샤워실은 복도에 배치했다. 추가적으로 다락방에[139] 빨래건조 벽장(壁欌) 공간이 있다.

건축자재의 기준요소를 표준화 하는데 필요한 하부구조(Infrastructur) 부족으로 표준화에 대처하기 힘들었다. 그래서 출입문과 창문을 위한 대안으로 방 하나를 표준화 모델로 만들고 모든 문과 창 제작은 이 표준화 모델에 맞추어 생산했다. 물론 지방사정에 적응하는 표준화를 적용하여 시리즈 생산을 했다.[140] 건재요소는 국가기관 전문가들이 표준화 작업을 했다.[141]

주택 타이프 56 I 10〈그림 26〉은 단층 2세대 주택으로 설계됐다. 온돌 때문에 취사장 바닥은 방바닥보다 좀 낮게 했다. 이런 주택은 약간 경사진 대지에도 시공이 가능했다. 주택 현관과 로지아(Loggia) 바닥은 같은 수평면에 두었고, 도로 쪽으로 향하게 했다. 1, 2, 3층짜리 주택도 표준화되고 층 높이에 따라 경사지에도 지을 수 있게 된다. 개별적인 한국적 외관 요소(예를 〈그림26〉 방 2칸 단층 주택의 마루 같은 요소)를 유지하되 마루바닥을 평지로 낮추는 로지아 형식으로 변형했다. 요소의 이름도 한국식 용어를 만들어 썼다.[142]

주택 타이프 56II 20〈그림 27〉은 방 한 칸 주택이며 세 세대가 샤워, 화장실을 공용하게 된다. 이 주택은 독신자를 위한 것이다. 그래서 이 건물들은 "미혼자 주택"으로 칭하게 됐다.

139) C. P.베르너 문고, 4쪽, 저자소장

140) C. P.베르너 문고, 4쪽, 저자소장.

141) C. P.베르너 문고, 5쪽, 저자소장.

142) C. P.베르너 문고, 5쪽, 저자소장.

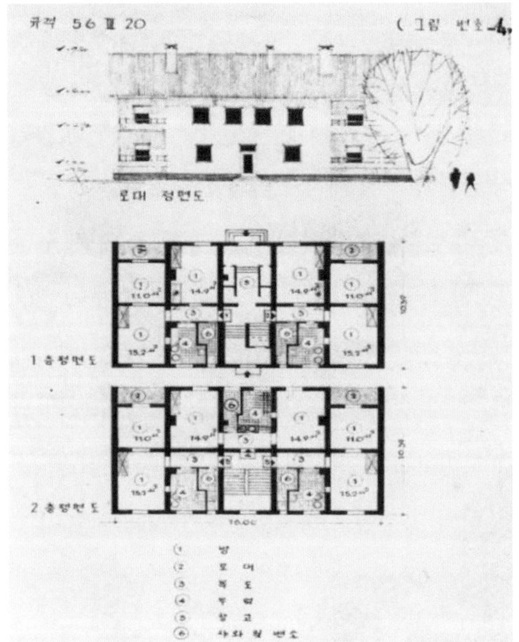

〈그림 27〉 한 층에 방 1칸 3세대용 2층 주택

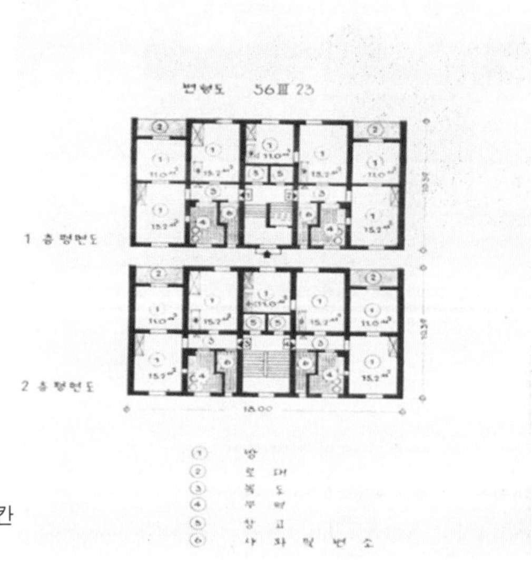

〈그림 28〉 방 3칸 · 방 4칸 2층 주택

난간, 처마장식, 외부복도(exterior korridor)들에 있는 한국식 벽돌 장식들은 추가적인 건축적 장식을 추가하였다. 건축 타이프 56 III 20, 21, 22와 23〈그림 28〉은 방 2칸 또는 방 4칸으로 되어 있으며 하나 또는 두개 현관 입구가 있다. 이것으로 벽장 공간 창고방 배치가 변화될 수 있다.

타이프 56 VI 20〈그림 27〉의 현관은 다만 한쪽에 있게 된다. 이 가옥 타이프는 동일한 섹션 크기이지만 화장실과 샤워실이 따로 있기 때문에 평방미터 당 가격이 비싸진다. 그러나 "석탄과 김치창고"[143]를 마음대로 처리할 수 있는 장점이 있다. 여러 모델에서 "실내외의 장식 요소, 색깔, 다양한 건축자재"를 이용할 수 있어 건축미학적 효과를 얻을 수 있음을 강조한다.[144]

아래는 한국 온돌난방 장치의 일부인 아궁이(火口, Hypokaustum)[145] 사진이다.

〈그림 29〉 한국 부엌의 아궁이와 그 위의 가마솥

〈그림 30〉 가마솥이 없는 아궁이

143) 김치-배추와 여러 양념이 혼합됨

144) C. P.베르너 문고, 6쪽, 저자소장.

145) http://www.willi-stengel.de/Ondol_koreanische_Fussbodenheizung. htm 문화포럼, TV국제 2000년 11월.

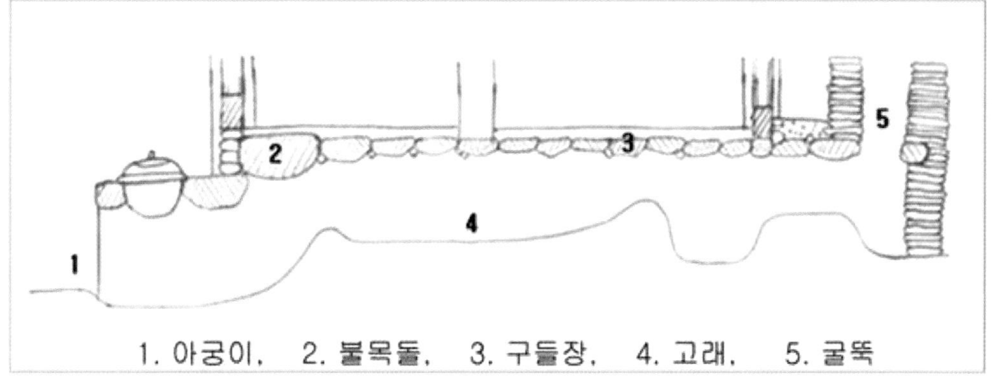

〈그림 31〉 온돌난방 - 단면도(http://english.visitkorea.or.kr/enu/AC/AC EN_4_5_2_5. jsp
http://www.willi-stengel.de/온돌_한국 바닥난방.html)

4) 보충적인 건축 프로젝트, 메디컬센터[146)]

① 보완적 프로젝트: 지상건축

1955년까지 함흥시의 재건축은 주로 도시 외곽지대에 단층 주거용 점토건물을 짓는 일에 주력했다. 나는 독일인들이 점토 벽돌벽 집을 지을 때 짓던 집이 빗물에 젖지 않도록 덮을 것을 어떻게 씌우는지를 목격하였다. 함흥의 여름철에는 특히 폭우가 심했다. 초기 건설을 하는 동안 도심에 다층 주거용 건물을 지을 수 있을 정도의 하부구조(infra)가 준비되었고, 건축 재료의 공급에도 진전이 있었다. 독일과 한국의 건축가들은 3층 및 4층 주거용 건물을 공동으로 개발하였는데 한국 재래식 온돌난방 시스템을 적용하기로 했다. 단층 주택에는 온돌시스템을 쉽게 설치할 수 있어도 다층 건물에 온돌시스템을 적용하는 데는 상당한 어려

146) 아르놀트 테르페(Arnold Terpe)의보고서, 제3대 동독건축설계소장, 저자소유.

움이 생겼다.

조립식 천장부분은 천장 하중이 크기 때문에 기존 기중기의 크기와 하중 역량에 맞게 조정해야 했다. 각 아파트는 배기가스를 위해 개별적으로 굴뚝이 필요했다. 또한 요망되는 온돌난방의 설치는 건물의 층 높이를 증가했다.[147)]

또 다른 문제는 점토벽돌의 내하중(耐荷重)에 관한 것이었다. 처음에 개발한 단층 주택의 점토벽 하부 벽돌의 내하중 역량(力量)은 그리 중요한 문제가 아니었으나 시중에 짓는 다층 건물의 경우에는 점토벽돌의 내하중 문제를 공학적으로 결정해야 했다. 우선 현장에 맞게 시공하려면 말뚝을 튼튼하게 박는 기초작업을 해야 했다. 이 결정은 이미 필요한 장비와 재료가 있었기 때문에 이 방법을 선호하게 된 것이다. 재건 프로젝트 계획에서는 동독 기술자들이 대규모이고 최신식 블록 제조방법을 채택했기 때문에 최상의 결과를 낼 수 있었다. 시공은 최대 중량이 800kg인 대형 블록을 기준으로 했다. 블록은 부분적으로 숙련공에 의해 현장에서 조립할수 있었다. 천장 또는 층간패널(flooring slab)의 무게는 기존 기중기의 역량에 맞게 디자인 할 수 있었다. 필요한 수요를 맞추기 위해 콘크리트 공장을 여분으로 수입하여 설치하였다. 콘크리트 패널의 치수와 무게 계산은 동독의 구조 엔지니어가 사용하는 페이로드(pay load) 계산 방법을 썼다. 이전의 계산법으로 계산했을 때보다 판 두께를 좀 줄일 수 있었다. 따라서 설계된 경간 넓이에 맞는 패널의 무게가 기존 기중기의 운반 능력을 초과하지 않게 됐다. 이렇게 해서 단시일 내에 3, 4층 건물이 도심 거리의 한 군데에 늘어설 수 있었다. 또한, 파일럿 프로젝트

147) 온돌난방은 제3장 2. 3) 장에자세히설명된다.

(pilot project)로 건설된 유치원은 뫼디 그로테볼(Mädi Grotewohl)에 의해 개발되었다. 나는 2012년 베를린 중앙도서관에서 TBC병원의 세부계획도면을 볼 수 있었다. 이 계획은 DIN-A0 및 DIN-A1 크기로 설계되었다. 병원의 계획은 마티아스 슈베르트(Matthias Schubert)에 의해 진행되었다. 함흥 출신 공익현 통역사는 후에 슈베르트에게 병원이 그의 계획대로 시공됐다는 편지를 썼다. 모든 건물 시공은 우리 함흥 인력들이 했다.

〈그림 32〉 (좌)하르트무트 골덴, (우) 마티아스 슈베르트, 한국 일꾼들(마티아스 슈베르트 문서집, 저자 소장)

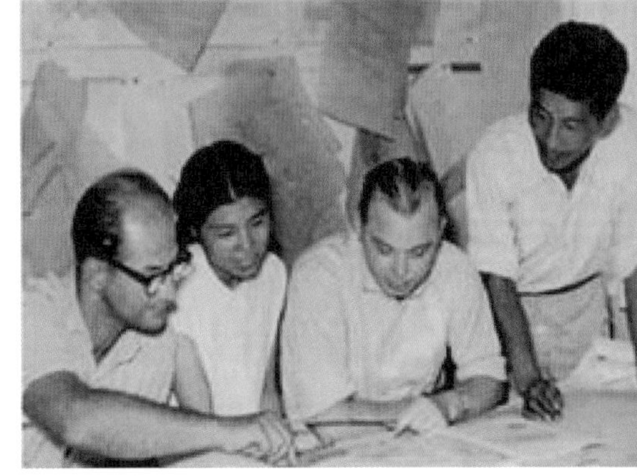

〈그림 32〉 (좌)한국 동료들 (우) 마티아스 슈베르트(중간)(DAG문고집, 1957년, 저자 소장).

② 보완적 프로젝트: 메디컬 센터

마티아스 슈베르트(Matthias Schubert)의 계획 보고서: 건강관리는 사회주의 조직의 시스템에 합당하게 적용돼야 한다. 따라서 함흥, 본궁, 흥남시의 다각적인 요구에 따라 무슈터 박사(Dr. Muschter)의 예비연구를 토대로 향후 의료시설에 대한 작업은 별도로 추가하도록 계획되었다. 그는 이 지역의 의료시설을 위한 일반계획을 준비하여 위치, 지수(지침) 및 수용력에 대한 제안을 요약했다. 북한 보건복지 가족부와 함경도 도청은 보다 일반적인 성격의 병원 단지에 대한 예비프로그램을 작성했으며, 의학, 교육 및 연구를 위한 시설을 추가했다. 장기 환자를 위한 호스텔도 고려했다. 이 복합 단지는 "함흥 메디컬 센터"라고 불렀다.

다음과 같은 시설이 계획되었다:

1. 군(郡)병원 500 병상
2. 도(道)병원(대학 병원)은 아래와 같다
 2. 1 본관 780 병상
 2. 2 아동 병원 240 병상
 2. 3 피부과 70 침대
 2. 4 이비인후과 클리닉 70 병상
 2. 5 안과 60 침대
 2. 6 치과, 구강 및 악안면 클리닉 30 병상
 2. 7 감염 클리닉 120 병상
 2. 8 TBC 진료소 (보수적 인) 210 병상
 2. 9 TBC 진료소 (외과) 120 병상 총 2,200 병상

3. 의과 대학 본관 18 개 기관, 의장, 행정관, 행정 기관

4. 강당(Auditorium) 도서관, 클럽 및 학생회관 멘자(구내 식당)

5. 헌혈 센터

6. 사업(비즈니스) 및 공급 시설

7. 직원 숙소

8. 학생 합숙

전통적 치료를 위한 TBC 클리닉을 위해 이미 진행 중인 프로젝트는 가능한 속히 수행되어야 하며, 2,000명에 이르는 학생들에게 포괄적인 교육을 제공하기 위해 필요한 연구소 및 클리닉의 용량이 경제적으로도 충분해야 한다는 것이 분명하게 됐다. 사용할 수 있는 건물은 특정 지역 조건을 고려하여 이상적이라고 설명해야 됐지만 그 건물의 크기는 유럽의 관점에서 볼 때 바람직하지 않을 수는 없다. 이것은 모든 평평한 대지는 벼농사를 위해 주로 사용되어야 하기 때문에 적절한 의료시설 대지는 좀 부족한 편이다. 그 대안으로 산기슭 지역을 물색해야 해야 할 것이다.

메디컬센터의 후보 대지로 함흥 동북쪽에 있던 옛 일본군 주둔지가 고려됐다. 이 대지는 반룡산을 배경으로 한 평지에 있으며 넓은 연병장과 일본군 제74연대를 수용했던 여러 개의 막사 대지도 있었다. 높이 319m의 반룡산 너머로 겨울철 북풍이 불어오면 꽤 춥다. 이 메디컬센터 후보 지역은 흥남 · 본궁 공장지대에서 멀리 떨어져 있어서 매연과 소음의 피해는 적을 것으로 예상된다. 후보지 남서부에는 함흥의 도심지역과 접촉하게 되며, 남서쪽에는 새로운 개발 주거지가 들어서게 된다. 이 의료 센터를 계획하는 것 외에도 TBC 진료소의 최종 계획은 북한 건축가와 협

의하였고, 진료소에 필요한 모든 장비를 마련하는 계획도 세웠으며, 의과대학의 본관 건물을 설계하는 계획은 사전에 충분히 검토했다.

이러한 과제를 시행하는 데 있어서, 북한측 관계자들이 유럽인이 제공하는 계획개념, 건설형식, 그리고 그들의 지식을 비판없이 받아드릴 것인가 하는 문제가 분명해졌다. 또는 그러한 계획이 독일과 동일한 조건하에서 실행이 가능하더라도 북한 사정에 그런 독일식 방법이 시행될 것이라고 가정하는 것은 무리일 수도 있다. 독일인들을 이런 현실을 알게 됨으로서 그들은 국제협력이라는 좋은 경험을 얻었을 뿐만 아니라 함흥시의 재건을 계획하는 가장 중요한 방법은 북한인 동료들과 친근하게 모여앉아 수행방법을 협의하는 방법이 정확하고 현명하다는 것을 알게 됐다. 독일 체류자들은 현지상황, 생활습관 및 사람들의 활동에 대한 지식을 수개월, 심지어 수년 동안에 걸쳐 배우게 되었고, 충분히 해결하고 적응할 수 있었다. 이것은 또 장기간에 걸친 공동연구의 결과가치가 있음을 보장하는 최상의 방법이라는 것을 말해 준다.

〈그림 34〉 함흥 메디컬센터 배치도(1957년)

3. 서신 및 일기 항목, 2013 DAG 인터뷰[148]

1) 함흥에서 부친 공익현 통역사의 편지[149]

비스마르 마티아스 슈베르트(Wismar Matthias Schubert) 교수가 1957년부터 1958년까지 함흥에서 의료센터를 계획했다. 아래는 공익현 통역사가 1962년에 슈베르트 씨에게 보낸 독일어 편지를 저자가 한국어로 번역한 것이다.

함흥, 1962. 6. 9.

나의 친애하는 마티아스 슈베르트(Matthias Schubert)!

우리는 오랫동안 서로 보지도 듣지도 못했습니다. 한편 그 시간은 돌이킬 수 없게 흘러갔습니다. 나는 당신의 소식이 매우 기뻤습니다. 평양교통대학의 강사인 로스토크에서 공부한 학생이 나를 방문했습니다. 하지만 불행하게도 저는 사무실에 없었습니다. 그는 다른 동료 주 씨에게 당신에 대해 이야기를 했습니다. 그는 TBC병원 프로젝트가 입찰에서 몇 등 상을 수상했다는 것을 알려주었습니다. 이번에는 간병인을 통해 다시 당신의 소식을 들었습니다. 나는 당신과 당신의 가족이 잘 지내고 특히 당신의 사업이 잘 되기를 기원하고 있습니다. 함께 한 우리의 시간을 생각하는 것은 항상 아름다운 기억과 기쁨입니다. 이 기억은 내게 점점 더 활력을 줄 것입니다. 이제 나는 당신에게 나에 대해 말하겠습니다. 나는 지금 함흥역 근처에서 꽤 많은 것을 건설했습니다. M3(소구역 방향) 반호프(함흥 기차역) 거리가 끝났습니다. 피크대로(Pieckstrasse)도 시인민위원회에서 만세교(Manse brücke)에 이르기까지가 끝났습니

148) 서신, 일기, DAG단원들과 인터뷰

149) 편지의 문법적인 결함이 있음, 다소 교정함.

다. 역 앞 광장에서 포인트 주택, 그리고 호텔 옆 접수건물이 시작되지 않았는데도 시에는 이제 아름다운 모양과 많은 나무가 생겼습니다. 산업내시는 다음과 같이 세워졌습니다. 산업현상 건축면에서는 가구복공소, 콘크리트 혼합 공장, 건축자재 실험실, 변전소 및 건물부속품 창고가 들어섰고, 상수도 시설은 오로리로 가는 도로 옆에 있습니다. TBC병원은 잘 갖추어져 있습니다. 이것은 현재 TBC 연구소입니다. 나는 최근에 거기에 가보았습니다. 몇 년 전에 드로잉보드에서 구상했던 대로 모든 것이 실현되었습니다. 나는 TBC병원에 가는 길에서 의대의 기초블록을 대체하고 있는 것을 보았습니다. 의과대학의 건설은 이제 최고 속도로 진행됩니다.

이미 지방 병원의 2개 건물(각 4층)이 건설됐습니다. 이 건물을 보면서, 나는 당신과 당신의 의료센터를 생각하며 오랫동안 먼 기억 속에 잠겨 있었습니다. 이제는 오래 전에 구상했던 것을 현실로 볼 수 있습니다. 모든 것은 당신이 제도한 도면 그대로 됐습니다. 당신의 노력과 당신이 한 일은 열매를 맺었습니다. 당신은 행복하고 자랑스러워해야 합니다. 그것은 나를 위한 직접적인 즐거움이기도 합니다. 독일 워킹팀의 인원수는 점점 적어졌습니다. 현재 남자 10명의 기술자와 여자와 아이들이 있습니다. 어쩌면 당신이 여기에 있을 때 현장관리자로 일했던 귄터 크라우제(Günter Krause)를 알 것입니다. 당신이 여기 있었을 때 그는 여기에 도착하지 않았을 수도 있습니다.

현재 중앙하수처리장의 현장감독인 오토 크나우어(Otto Knauer)를 확실히 알고 계실 겁니다. 귄터(Günter)는 만세교의 현장감독으로 일하고 있습니다. 만세교와 중앙하수처리장에는 성천강 너머에 두 개의 보조 프로젝트만 있습니다. 8월 15일까지 두 가지 프로젝트를 완료할 계획입니다. 재건단은 내년 9월에 독일로 돌아갈 것입니다. 아마 아르노 팝로트(Arno Paproth) 난방전문가를 아십니까? 그는 지난달에 여러 번 집으로 왕래했습니다. 나는 아직도 옛 집에 살고 있는데, 그 집에 당신은 할드빅과 췬데르(하르드비히과 췬더, Hardwig and Zünder)와 함께 제 아들의 생일에 방문해 주셨습니다. 나는 내가 쓰던 방에서 건넌방으로 옮겨서 살고 있습니다. 내 아들은 6살입니다(우리식 나이 계산에 따르면).

나는 또 3살 된 아들이 있습니다. 제 아내도 잘 있습니다. 우리는 당신에 대해 많은 이야기를 합니다. 당신이 떠난 후 나는 1959년 여름부터 겨울까지 건설현장에서 잠시 동안 통역을 했습니다. 그러다 1960년에 저는 다시 설계부에서 일했습니다. 1961년부터 저는 번역사가 되었습니다. 왜냐하면 번역하는 독일인 동료가 적고 번역할 일이 많기 때문입니다. 올해 저는 쇠 장식 공장에서 직접 다른 두 명의 동료와 함께 번역사로 일해 왔습니다. 아마도 내 작업은 가을까지 계속될 것입니다.

저의 문학활동에 대해 전합니다. 1959년 9월에 나는 세계적으로 잘 알려져 있는 작품 윌리엄 텔(William Tell)의 이야기를 번역하였습니다. 나는 그 이야기를 참 좋아합니다. 그리고 또 나는 계속해서 아래와 같은 책도 번역했습니다. 1959년 케이블과 사랑, 1960년 강도와 돈카를로스(Don Carlos, 1961년에 완료), 1962년 손자(기존 번역본의 판독 불능 수정작업).

나는 이상 언급된 작품의 번역과 교정을 끝냈습니다. 내년(1963)에 쉴러(Schiller)의 선발작업(Robber, Cabal and Love, Don Carlos, Tell)을 세계문학전집으로 출간합니다. 이미 이 작품들에 대한 계약금을 받았습니다. 사과드립니다. 지금은 내게 여분의 사본이 없습니다. 그래서 불행히도 당신에게 이것을 보낼 수 없습니다. 그러나 다음에 나오는 책은 보내드릴 수 있습니다. 귀하의 주소를 보내주십시오. 현재 나는 한독사전(Small)을 편집하기 위해 평양의 동료들과 함께 일하고 있습니다. 방금 시작해서 나는 앞으로 6,000 단어를 번역해야 합니다. 나는 건강합니다. 나는 항상 많은 일을 합니다. 나는 일하기를 좋아합니다. 어쩌면 그것이 우리의 공통된 성향인 것 같습니다. 나는 모든 것을 모아서 쓰기를 원합니다. 친애하는 친구 우리사이의 공간적 거리는 멀지만 나는 당신을 다시 만나길 희망합니다. 당신의 땅에 사는 많은 동료와 친구들이 내 마음

속에 있습니다. 그런 기회가 내게 또 올지 모르겠습니다. 나는 당신을 껴안고 진심으로 인사드립니다. 부인에게 안부를 전해주세요. 나는 당신의 두 아들을 잊지 않았습니다. 그들이 아직도 나를 기억하는지 궁금합니다. 사랑하는 두 분께 인사드립니다. 제 아내도 당신에게 따뜻한 인사를 보냅니다. 이로써 나는 펜을 놓습니다. 그럼 다음에 또 서로 소식을 전합시다.

옛 친구 공익현 . 조선에서

2) 구동독 함흥 재건단 참여와 나의 소감

나의 상기 공 씨의 편지에 대해 다소 느낀 바가 있어서 보충적으로 소감을 여기에 피력하고자 한다.

한국인의 감사편지는 재건단 회원들에게 보낸 많은 개인 서신에서 알 수 있듯이 진실된 마음을 표현하고 있다. “친애하는 아빠”와 같은 인사말은 드문 일이 아니며 종종 “한국인의 아들”이라고도 인사합니다. 그러한 감각은 빨리 잊혀지지 않을 것입니다. 수신자뿐만 아니라 그의 자녀들이나 친구에게 이런 편지를 전해주면 지금도 여전히 살아있을 분들에게는 진정한 우호, 문화교류 및 자매결연을 위한 좋은 토대가 될 것이다. 이로 인해 통일전후에 국가가 개통될 수 있을 것이다.

“SAPMO Barch, NY 4090/481, pp. 258~289”에서 관계가 실제로 다르다는 것이 보고되었다. 함흥에서 일반적으로 “오만함”과 “지시”가 동반된 동독 사절단의 인식도 있었다. 처음에는 북한에 대한 여행이 주로 모험에 대한 갈증과 이국적 성취에 대한 갈망으로 동기를 부여받았던 “독

일" 실무그룹 회원국의 "정치적, 직업적 또는 도덕적" 침해로 인해 이러한 태도에 동조했기 때문에 많은 사람들이 술과 성희롱으로 인해 조기 송환으로 처벌된 '다른 방탕함' 등이 있었다. 한편 게르하르트 슈틸러(Gerhard Stiehler)는 107쪽의 한국일기 "Koreatage Buch 1955"에서 다음과 같이 썼다. "... 북한의 개인적인 경험과 일기장 작성이후 40년이 넘었습니다. 그 이후로 완성된 직업생활의 관점에서 볼 때, 오늘날의 시각은 세상의 먼 곳에 있는 멀리 떨어진져 있는 문화, 나아가 먼 곳 사람들, 그들의 역사, 삶의 방식을 여는데 가장 예기치 않은 시간은 아니었다는 것을 확신할 수 있습니다. 그러나 그것은 개인 직업자격과 외국문화와 낯선 생활양식을 다루고 배우는 시간이었습니다. 이론적으로는 그 어느 때보다 한국에서의 체류가 실용적인 공부가 되어 국제연대, 다른 세계관과 관습을 받아들였습니다. 오늘날의 분쟁을 근본적으로 악화시키는 국가와 국제 정치, 종교 및 인간의 불관용에 직면하여 오늘날 급히 필요한 상황에 대한 교훈이었습니다. 함흥 체류 후에 한국인들과의 협력이 잘 기록되어 신(저자) 씨가 목격한 프러시안(Prussian)식의 작업이 원활하게 진행되었습니다. 한국인과 일본인은 동정심과 사랑을 가진 사람에 대한 신뢰의 표현이 독특하답니다. 한국어 Dchong(정), 일본어 Djo(情) 또는 Nasake(情け), 중국어(情)는 'Blue in Heart' 독일어로 적절한 표현을 아직 찾지 못했습니다."

1955년 6월에 동독 재건단의 하르트무트 골덴(Hartmuth Golden)이 동독에 있는 그의 가족에게 보내는 편지가 동봉된다.

"1955년 6월 12일, 목요일 밤, 우리의 사운드 필름 장비, 키가 큰 신태인 통역, Georg Seybold, George Nimschke, 오로리의 아주 훌륭한 전기기술자인 DFK의 회장, 뒤에서 두 갈래로 머리를 땋고 한국식 볼레로(저고리)를 입은 아름다운 여성 등등, 소련제 작은 차를 타고 전쟁고아(3세~6세)가 있는 어린이 촌으로 갔다. 이전에 우리 중 일부는 그런 집을 보고 싶었고, 우리가 그런 것을 짓고 싶고, 야외 영화를 보여줄 것이라고 약속했다." 그것은 당신이 생각할 수 있는 가장 아름다운 저녁 중 하나였습니다.

해가 지는 산 길이었다. 논뜰 사이의 좁은 거리, 붉은 저녁놀을 반사하는 수면에 잘 자란 식물의 밝은 녹색이 하늘색과 섞여있다. 아름다운 작은 마을……좁은 길을 지나 과수원의 사과나무 사이에 숨어있는 어린이 마을에 도착했습니다.(이 건물들, 낮은 초가지붕, 깨끗한 진흙 오두막집이다. 전쟁기간 동안에 군(郡)의 관리소였고, 미군비행기의 시야에서 숨겨져 있었습니다.) 아름다운 나무 아래의 땅은 두툼한 깨끗한 점토입니다. 오두막집 뒤에는 산이 솟아 있습니다. 덤불에서 뛰어내리고, 구석구석에 있는 집에서 뛰어나와 우리 차에 달려와, 우리를 둘러쌌으며, 손을 잡힌 어른들은 국제어로 "안녕!(Strasdje!)"라는 인사말을 했습니다. 어린이들은 단지 독일 사람들에게만 쏠리고, 그들을 만져도 봤습니다. 어떤 이들은 아버지와 어머니의 추억에 잠긴 것처럼 좀처럼 돌아가려 하지 않았습니다. 왜냐하면...... 이때에 사랑스럽게 포위된 사람들도 있었기 때문입니다. 아이들은 소그룹으로 다닙니다. 그들은 아주 멋진 작은 드레스로 구별할 수 있으며, 온돌난방 방바닥 위에 매트가 깔려 있는 방에서 "무티(Mutti)"와 잘 수 있습니다. 하루 동안 그들은 교사 또는 여교사, 유치원교사의 감독 하에 함께 있었습니다. 책임자, 평온한 키 큰 남자, 친절하고 지혜롭고 사랑스러운 교사, 젊은 여교사들입니다. 우리는 마당에서 놀기 시작했습니다. 나는 그네, 회전목마, 미끄럼틀이 있는 큰 놀이터로 걸어갔습니다. 그들은 토요일 밤에 우리 여성들로부터 배운 토끼 놀이를 했습니다. 우리는 점점 더 크게 원을 만들었습니다. 그러나 그들은 모두 독일사람과 악수하기를 원했으며 그리고 헤어졌습니다. 내가 어린 소녀를 내 앞으로 끌어당겼을 때 소녀는 마음껏 웃었습니다. 내가 어린 여자 아이의 배를 만졌더니 다른 아이들은 그 아이를 앞으로 밀어내기도 하고 잡아당기기도 했습니다. 진짜 웃음거리가 됐습니다. 그런 다음 점점 어두워지면서 그들은 모두 의자와 마당에 있는 두꺼운 매트 앞에 앉았습니다. 푸근한 밤, 침묵과 어둠의 모든 곳, 우리 머리 위에 수많은 별이 빛나는 하늘, 그리고 여기에 한국의 아이들을 기쁘게 할 독일의 동화 컬러영화가 있었습니다. 물론 그들은 내용을 이해할 수 없었고, 너무 흥분했지만, 교사들은 다음 날 그들과 이야기하기를 원했습니다. 한 소년은 내 옆에 잠들어 있었는데 정말 깨울 수 없었습니다. 모두 재빨리 그들의 이부자리로 잠자러 갔습니다. 많은 어린이들은 따뜻한 온돌 위의 깨끗한 이부자리 위에서 나란히 잠들었습니다. 우리는 교장선생의 아랫방에서 머물게 되었습니다. 사과는 DFK의 동지가 깎았습니다. "사이다"는 매우 달콤한 발포성 레몬에이드와 비스킷입니다. 피곤해 져서 몇 마디 따뜻한 인사를 나누고 함흥에 돌아가게 되었다.

동독 재건단의 가장 젊은 게르하르트 슈틸러(Gerhard Stiehler)는 2014년에 "나의 함흥(Hamhung)시"로 수학여행을 하고 싶다고 했다. 그가 우리와 영원히 이별하기 전에 함흥에서의 마지막 날에 대한 그의 추억(『나의 함흥 일기』, 249쪽 1955년 2월 12일) 다시 한 번 새로운 주거단지를 방문했다. 그러나 건물의 고밀도화가 미래에 필요하다고 생각한다면 우리의 첫 번째 건설은 이미 자랑할 수 있지만 이것은 한국인의 생활 및 생활단위의 몇 가지 변화를 동반해야 한다. 점심식사 후 반룡산에서 우리 숙소가 있는 경치를 내려다 본 다음 종종 다니던 보기사원(팔각정)으로 내려갔다. 우리가 함흥에 도착하자마자 첫인상을 받고 전쟁으로 폐허가 된 도시에 대해 대강 살펴보았다. 이제는 우리의 계획작업 대상이 되었다. 그 당시 우리가 여기에서 확인할 수 있었던 첫인상과 아이디어로부터, 이제는 도시의 가능한 전망 뿐만 아니라 지역의 삶과 사람들에 대한 매우 구체적이고 상세한 지식을 얻었다. 그 생각은 지난 몇 달간의 경험으로 다시 돌아왔고 나는 평양 대동강의 유서 깊은 전망대에서 흰 수염이 난 노인을 기억했다. 그는 산 넘어 태양이 떠오르는 것을 열심히 보았다. 이제 나는 아바이(할아버지)와 같은 기분을 느낀다. 내 앞에서 “우리”의 도시를 보았을 때 우리와 사랑스럽고 친근한 사람들과 함께 여러 경험을 했다. 뒤에 있는 산들이 왼쪽에 있다. 우리가 그곳을 배회했을 때 우리에게 자연의 보물과 한국의 역사를 알려주었다. 우리 도시를 둘러싼 두 개의 강이 바다로 이어지는 은색의 안감으로 합쳐진다. 우기(雨期)에는 너무 많은 위협적인 비로 인해 피해를 입는다. 동해 연안을 따라 뻗은 먼 산들에 이르는 곳, 평양으로 가는 커다란 평야가 있다. 평원은 평온한 곳, 특히 시간이 부족해서 보지 못한 평야이다. 그리고 마지막으로 우리의 인접도시인 흥남은 한국의 동해와 함께 남쪽의 지평선 그리고 이곳에서 즐거운 여가를 보냈다. 이 지구의 아름다운 환경과 특히 이곳 사람들은 몇 개월 후에 나에게 두 번째 고향이 됐다. 이러한 독특한 인간 친화적인 환경에서의 많은 뉴스에 대한 경험으로 인해 집에 갈 시간이 얼마 남지 않았다. 그리고 또한 긴 우편 전달기간은 특히 향수병이 생기게 하지 않았다. 그러나 마지막 날에는 독일에 있는 집과 사랑하는 사람들의 생각이 자주 떠올랐다. 국제 우호의 의미에서의 연대에 대한 우리의 생각이 실현될 수 있는지에 대한 질문에 답을 얻기 위해서는 더 많은 것이 필요하다. 우리의 연대감은 최소 한 두가지 측면, 즉 곤경에 처한 국가에 기술지원을 제공하고, 평화를 사랑하는 국제사회의 일원이 되도록 돕기 위해 관련인들에게 도덕적 지원을 제공하는 것이다. 연대서비스의 측면은 명백하게 우리 업무와 목표의 주요 측면이었다. 우리가 전쟁유산의 건물에서 발견한 것과 재건사업에 착수할 때까지 개발된 것들이 실질적으로 계속되거나 변경되었다. 우리가 한국 친구들에게 더 나은 도시 전망을 제시했는지의 여부는 불확실하다. 그러나 여기에 머무르는 동료들과 우리 자리를 차지할 사람들에 의해 개발돼야 할 것이 아직도 많이 있다. 이 경우에 도시계획작업은 여전히 계류중이다. 우선 도시지역의 모든 영역에서 도시계획 세부사항을 분명히 밝혀내야 하며, 건물에 필요한 내용과 사용에 가능한 경제적 자원 및 기회에 대해 주어진 목표에 근거하여 개별건물의 후기단계에서 확인해야 한다. 또한, 후일의 흥남시 도시계획 작업에 대해서도 예상해야 되며, 양도시의 도시계획협력의 경우 이전에 함흥에 대한 개념에도 크고 작은 결과가 있을 수 있다. 마지막으로 보다 철저한 토지이용 계획이 기대될 수 있다. 조경계획 및 설계는 또한 이 지역의 광대한 발전을 위한 구조적 변화가 역사적으로 자란 한국의 풍경과 자연의 특성을 손상시키지 않도록 해야 하며, 특히 과도하게 눈에 띄는 구조물과 교통시설을 피해야 할 것이다. 그러나 연대서비스의 문제로 되돌아간다.

도시계획분야에서 우리의 지식과 전문성을 전달하는 것을 꺼려하지 않는다고 확실히 말할 수 있다. 우리가 그리워하고 바라는 것, 그리고 우리가 한국 친구들을 생동감 있게 영화화 하려고 시도한 것은 우리가 동독에서 도시계획 원칙을 이용할 수 있게 된 것 같은 도시계획 원칙이다. 필요한 경우, 나를 위해 일하는 동료는 이러한 의미에서 효과적이어야 한다. 그래서 기술 분야에서 충실한 우정으로 완전히 정당화된 말을 하는 것이다. 그리고 인간의 도덕적인 연대에 관한 한, 많은 한국의 남성과 여성 노약자와 젊은이, 전문가와 길거리에서의 좋은 접촉의 증거로 인용될 수 있다. 우리는 항상 우려하고 있었다. 처음 만난 친구들을 이해하고, 호기심을 이해할 수 있는 어느 정도의 준비태세와 함께 좋은 친구들이 먼 곳에도 있다는 것을 알려야한다. 그러나 나는 우리의 연대성취가 그들의 문화, 자연의 아름다움과 전통이 풍부한 그들의 나라에 관한 지식은 충분하다고 확신하지 못한다. 아마 그것은 상호작용을 하고 주는 것을 포함하는 만남의 복합체일 가능성이 크다. 어쨌거나 정치적, 경제적 차원에서 그것을 만드는 것은 역사가 가르쳐줄 것이다. 우리는 공통된 철학적 근거에 따라 번영하는 상호교류를 위해 노력했다. 성과와 배려 사이의 관계는 측정하기가 어렵지만 다만 "평화를 위해서"판단해서는 안 된다. 그것은 진실로 내면의 묵상과 생각을 모으기 위한 안식의 반성의 장소다. 당신의 마음에 너무나 소중한 도시 위의 "해방정(亭)"에 기어올라가서 다시 작별인사를 하는 것이 얼마나 힘든 일인지 다시 한 번 깨닫게 될 것이다. 그리하여 나중에 어떤 삶의 터전으로 돌아갈 시간을 찾고, 어떤 기초를 마련할 수 있는지에 대해 서약한다. 그동안 해가 높이 뜰 준비를 하니 나와 동료도 도시와 작별인사를 해야겠다. 아데(Ade) 당신 마을에선 손님에게 편리를 주었을 뿐 아니라 우리에게도 약간의 복음자리가 되었다. 나는 최선을 다하고, 최선의 발전과 지속적인 평화를 기원한다. 너는 내 인생전부를 기억할거야!..저녁에는 폴란드군대 앙상블 공연을 관람하기 위해 극장에 갔다, 이 극장은 현재 동독 마그데부르크

(Magdeburg)시에서 기증받은 새 피아노를 가지고 있었다.

3) 2012년 9월 베를린 비스도르프(Berlin-Biesdorf)에서 전 독일 재건단(DAG) 단원과 인터뷰

(문) 언제부터 언제까지 북한에서 일했습니까?

(답) 나는 건축가 아르놀트 테르페(Arnold Terpe)이고 1956년 6월부터 1958년 8월까지 함흥 프로젝트 건설건축부의 책임자였습니다.

(문) 어떻게 함흥 일에 대해 들었습니까? 어떤 관심이 있었는지요? 어떻게 신청하셨습니까? 당시 귀하의 자격은 무엇입니까?

(답) 건설부는 라이프치히(Leipzig)의 디자인 사무소로 요청을 보내왔고, 우리 사무실은 한국에서 일하기를 원하는 사람이 있는지 물었다. 그러나 나는 그전까지 한국과의 교류가 거의 없었다. 우리는 그 나라가 전쟁 중이었고 파괴되었다는 것을 알았다. 우리가 독일에서 배웠던 건축가로서의 전문지식에 더하여 우리의 시야를 넓히고 나아가 아시아 건축을 아는 것을 중요하게 생각합니다.

아래는 크리스타 테르페(Christa Terpe)와의 인터뷰;

(답) 나는 크리스타 테르페(Christa Terpe)입니다. 그 당시 나는 함흥에서 독일 아이들을 가르치는 선생이었습니다.

((문) 북한에 어떤 동기로 가셨습니까?

(답) 그 동기는 한국 국민을 돕는 것이었습니다.

(문) 북한에 체류하기 전에 북한에 대해 아는 것을 기억할 수 있습니까? 어떻게 생각 하셨나요?
(답) 전혀 몰랐습니다. 텔레비전이 없었기 때문에 신문이나 방송이 유일한 정보였습니다.

(문) 오늘날 한국에 대한 당신의 상상은 무엇입니까?
(답) 우리가 북한에 대해 듣는 모든 것은 우리를 놀라게 했습니다. 우리는 그들(함흥 사람들)은 좋은 사람들이었음을 알고 있기 때문에 그들이 지금 그렇게 고생하고 있다는 점에서 유감스럽게 생각합니다.(아내: 동료들도 얼마전에 여행으로 다시 갔다 오고 실망했습니다. 왜냐하면 그들은 그곳이 어떻게 변했고 어떻게 더 나아졌는지 비교할 수 있었기 때문이다.)

(문) 북한에서 여행할 수 있었습니까? 그렇다면 어떤 장소를 방문 했습니까? 여행에 어떤 추억이 있습니까?
(답) 금강산이었고, 개성과 판문점이었습니다. 금강산의 순결하고 아름다운 풍경에서 특히 인상적이었습니다. 이 모든 것이……

(문) 어떤 역사적 한국 문화에 주목 했습니까?
(답) 옛 한국 문화는 나를 너무나 감동시켰습니다. 그 문화는 우리에게 아주 새로운 것이었습니다. 우리는 전에는 건축분야에서도 전혀 몰랐습니다. 제가 말했듯이, 우리는 많은 것을 알기 위해 노력했습

니다. 그래서 우리는 주말을 이용해 그 나라와 그 사람들을 알게 되었습니다. (아내: 오토바이를 타고 다니며 그 나라와 주민을 알 수 있었습니다.) 우리는 오토바이를 이용할 수 있어 좀 더 개별적으로 활동할 수 있었고 우리는 또한 먼 곳의 수도원과 산을 방문했습니다. (아내: 멋진 바다 (웃음).)

(문)) 한국인의 행동에서 "전형적인"것은 무엇이었습니까?

(답) 한국 음식과 김치입니다.

(문) 북한 동료들과의 관계는 어땠습니까?

(답) 아주 좋았습니다. 작별은 우리에게 힘들었습니다. 그래서 당신이 그들과 이별해야만 한다면 (아내는 "다시는 만날 볼 수 없을 것입니다"). 실제 경험은 외국 동료들과 아이디어 협력이었고 북한에도 훌륭한 건축가가 있었습니다. 우리는 그들의 건축과 디자인에 살아있는 조건을 표현하고 융합하려고 노력해야 했습니다. 온돌난방은 그 하나의 사례로서 확실한 주택 설계, 온돌이 필요했기 때문에 우리는 이 주택에 온돌을 설치해야 했습니다.

(문) 북한을 통해 당신의 삶과 그 곳에서의 경험이 바뀌었습니까? 그렇다면, 무엇인가요?

(답) 슈틸러(Stiehler): 한국의 경험은 다른 나라 사람들과 관련하여 나에게 실로 예리한 경험이었습니다. 서로 다른 사람들과의 공존은 절대적으로 필요합니다. 독일인으로서 이전에는 한국에 대해 아무것도 몰랐습니다. 제가 여기서 말할 것은 다른 민족과 국가와 관련

하여 이해하기 위해서입니다. 우선 사람들 사이에 우정을 발전시켜야 합니다. 자기자신이 전쟁을 했다면 스스로 평화를 찾게 됩니다.

(답) 테르페(Terpe): 나는 외국인들과 어떤 접촉도 하지 못했습니다. 전쟁 중 민간인, 전쟁 포로, 그리고 러시아 전쟁 포로들과 프랑스인들과 함께 일했습니다. 나에게는 나쁜 경험이 없습니다. 따라서 한국은 편안한 환경에서, 사람들이 함께 살 수 있다는 타당성을 입증했습니다. 좋은 기억 이야기입니다. 불리한 환경에도 불구하고 한국인들은 매우 친절합니다.

(답) 슈틸러(Stiehler): 오늘날 북한에 대해 들었던 것과 사람들을 왜곡시키는데 대해 연결시키는 것이 매우 중요합니다. 북한 주민들의 생활 방식을 직접 경험하지 못했고 많은 일들을 꼼꼼히 생각하지 않는다면, 오늘 북한에 관한 선전에도 불구하고 다른 견해를 가지게 될 것입니다. 북한이 현재의 상황을 겪지는 않았을 지라도, 긴급 상황에 관해서는 많은 이야기가 있습니다. 나는 상황이 다르다는 것을 알고 있습니다. 그것은 또한 일반적으로 반공산주의 선전 때문이기도합니다.

(문) 당신은 한국의 휴전선을 방문했습니까? 통일과 분열에 대한 당신의 의견은 어떻습니까? 오늘 어떻습니까?

(답) 테르페(Terpe): 예, 우리는 판문점을 방문했습니다. 한국은 독일이 통일된 것처럼 그렇게 해서는 안 됩니다. 그것은 하나의 시스템을 다른 시스템 위에 올려놓는 것과 같지만, 정의를 위한 방법을 찾아야 합니다. 고도로 산업화 된 한국에서는 모든 것이 파괴될 것입니다. 북한 사람들은 현재와 마찬가지로 가난하고 실업상태에 놓일 것입니다. 그래서 통일은 모두가 함께 해결해야 할 과업입니다. 따라

서 동등한 조건하에 있어야 합니다.

(문) 북한은 소련 건설전문가들과 접촉을 가지고 있었고 거기에서 누구와 의견을 교환한 적이 있었습니까?

(답) 테르페(Terpe): 각국마다 다른 업무가 있었습니다. 소련의 건설 전문가들은 본궁 화학공장에서 일했습니다. 체코 그룹은 발전소를 재건했으며 폴란드는 철도수리 작업을 했습니다. 또한 폴란드의 의료진이 있었습니다.

(문) 함흥 계획에는 특정한 한국의 구조적 특징과 일치하는 측면이 포함되었습니까? 그렇다면 한국 측면에서 시작된 것은 어떤 모양입니까?

(답) 슈틸러(Stiehler): 심각한 주택 부족을 해결하기 위해 우리는 한국인이 2/3 단위의 작은 단독 주택에 익숙해 있다고 가정했습니다. 그것은 진흙 벽돌 건설과 단층 건물의 결과입니다. 나중에 우리는 다층 건물에서 온돌을 보장할 가능성이 있었기 때문에 우리는 다층 건물을 지었습니다.

(답) 그로테볼(Grotewohl) 부인: 그 당시 나는 유치원과 탁아소를 책임지고 있었고 모델은 한국 전체를 위한 기본형(또는 원형, Prototype)를 생각해야 했습니다. 나는 한국인들이 요구한 것에 놀랐습니다. 대형 댄스 홀과 동, 식물원도 있어야 된다고 했습니다. 계획은 평양의 승인을 받았지만 아이들이 우유를 먹을 수 있도록 가축(젖소)을 포함해야 하는 것을 잊었습니다.

(문) 1950년대는 동독은 건축 토론이 활발하던 시기였습니다. 한국의 전통

이나 소비에트의 고전적 또는 근대 건축에 대한 지지가 있었습니까?

㈜ 테르페(Terpe): 나는 한국인 건축가가 초기 단계에서 더 전통적이었다고 생각합니다. 우리는 주로 주거용 건물을 개발했습니다. 기능은 미리 정해져 있었으며 일부 세부사항 및 조건에 따라 결정되었으며 궁극적으로 평면도 및 외관 디자인이었는데 특별한 특징이 없었습니다.

㈜ 슈틸러(Stiehler): 그것은 파괴로 인한 주택 부족이었고 가장 중요한 것은 사람들이 다시 거주 할 공간이 있어야 한다는 것입니다. 거실의 디자인 문제가 아니었습니다. 또한 당시 그곳에서는 건축 토론은 크게 역할을 하지 못했습니다.

4) 게르하르트 슈틸러(Gerhard Stiehler)의 함흥 일기[150)]

아래 a.~e. 항목은 슈틸러의 함흥 일기 중에서 인용한 것이다.

a. 한국에서의 생활과 식사

한국인은 일반적으로 1층짜리 반 목조 집에서 거주합니다. 구획은 찰흙으로 채워지고, 볏짚으로 추가 보강됩니다. 지붕을 덮기 위해 "부유한 스님 수녀 지붕 타일(Nonne und Mönch-Ziegel)"을 사용합니다. 그렇지 않으면 볏짚으로 덮을 수도 있습니다. 직사각형 실내 평면도을 보면 한쪽 끝에 부엌이 있고, 부엌과 안방 사이에는 미닫이 문이 있습니

150) 게르하르트 슈틸러(Gerhard Stiehler)의 함흥일기장

다. 이 미닫이문은 일반적으로 문살에 창호지가 발라져 있습니다. 안방은 식사도 하는 방으로 사용됩니다. 집의 긴 쪽 앞에는 약 60cm 높이의 목조 테라스가 있습니다. 테라스의 높이는 거실 바닥의 높이와 같습니다. 방바닥 밑에는 온돌(溫突)난방이 있습니다. 거실과 붙어있는 부엌의 아궁이에서 생기는 뜨거워진 공기로 방바닥을 가열합니다. 뜨거운 공기는 여러 개의 평행한 채널(구들골)을 통과하면서 구들장(돌)을 데웁니다. 배기 공기는 아궁이 반대편에 있는 굴뚝으로 빠지게 되어 있습니다. 한국인들은 이런 식의 공간 난방을 자랑하며, 이는 중국과 일본의 화로보다 더 효과적으로 생활공간에 열기를 줄 수 있다고 합니다. 더워진 방바닥의 열기는 발을 따뜻하게 하고 몸 안으로 스며들어 쾌적한 느낌을 줍니다. 실제로 유럽에서 이 시스템을 알게 되면 이런 언더 플로어 히팅(underfloor heating, Hypokaustum)을 보급하려는 사람이 늘어날 것이고 안락한 느낌을 갖고 생활할 것입니다. 아파트에 사는 사람들은 방바닥이 있는 방에서 살게 됩니다. 음식은 친숙하게 먹을 수 있게 미리 요리되어 있고, 먹을 때 그릇을 입에 가까이 갖다 댈 수 있고, 또 젓가락을 쓰는 기술이 필요합니다. 그릇, 수저 같은 식탁용품이나 조리용품은 그릇장이나 궤 같은 데에 보관됩니다. 이불이나 매트 같은 침구(요)는 밤에는 방바닥에 깔고 자지만 낮에는 접어서 이불장에나 방 한 구석에 쌓아 둡니다.

b. 여성에 대한 평등 권리

특히 독일여성들은 현대적 감각이 아직 없는 한국 전통적 여성들에게 여성 해방운동을 선의적으로 보급하여 조만간 그들에게도 변화를 일으키려는 생각을 했습니다. 그러나 지나친 금기 사항은 하지 않기로 했습니다. 예를 들어 독일인 남여가 함흥의 분주한 거리를 팔짱을 끼고, 나란히 노래 부르며 걸어간다면 한국 여성들은 주시하고 어쩌면 불안해질지 모릅니다. 그러나 언젠가 그들도 그런 것을 시작해야 한다고 생각하며 한국인–독일인 간의 장벽을 무너뜨리는 데 도움을 주어야 한다는 것입니다. 두 번째 예는 친밀한 독일 · 한국인 동료 동호회가 해수욕장으로 수영하러 갔을 때, "낯설은" 한 무리의 남성 수영객들 사이로 한국 여성들이 자연스레 물에 들어와 같이 놀자고 유도한 것입니다. 한국여성들의 용기는 상당히 달랐습니다. 어쨌든 그것은 모두를 위해 재미있었고 잘하면 그것은 작은 시작이었습니다. 한국 여성의 일상생활에서 관찰된 장애를 대처하고 여성의 평등한 권리에 대한 사회의 생각을 소개하기 위한 모든 노력, 특히 독일 동료들은 선교사와 같은 열성적 행동으로 한 것이 아니라 자연스러운 행동으로 한 것이었다.

c. 한국의 쌀밥과 김치

쌀은 아시아의 주식으로 유명합니다. 그러나 유럽에서 흔히 볼 수 있는 쌀수프와 같은 것은 한국에서 알려지지 않았습니다. 쌀과 설탕을 넣은 독일 쌀 푸딩은 한국인 쌀 요리메뉴에 가장 가까운 것이긴 하나 그것은 숟가락으로 떠먹는 것이고, 한국에서는 쌀밥 덩어리로 만드는 케이크(떡)를 젓가락을 사용하여 먹는 것입니다. 요리 방법에서 종종 하루의 양이 이미 아침에 준비되어 따뜻하게 포장됩니다. 손님과 식사할 때는 세트 테이블의 중앙에 다양하게 준비된 육류, 생선, 야채 등을 담은 요리접시에서 각자의 접시에 조금 떠옵니다. 조미료 소스가 별도로 테이블에 차려져 있습니다. 물론 밥통도 있습니다. 그릇에 담긴 요리를 맛에 따라 번갈아 먹고 밥도 함께 먹습니다. 한국 배추에 무채와 여러 가지, 특히 매운 고추 향신료를 섞어서 절인 야채, 즉 유명한 "김치"는 큰 독에 넣어 오랫동안 발효저장을 합니다. 이 김치의 신비한 진미는 "낯선 사람"에게도 놀라운 것이어서, 처음 먹어본 사람도, 빨리 더 달라고 요구합니다. 김치의 맛을 좌우하는 중요한 성분은 마늘 향료입니다. 물론 이것은 코에 민감한 향기로운 카리스마가 있습니다. 매일 마늘을 먹는 즐거움은 우리를 "마늘 향기"에 둔해지는 후각 신경을 만듭니다. 그리하여 독일 - 한국 협력의 분위기가 다시 회복되었습니다. 때때로 자신의 일일 배급량을 서로 이야기하는 경우가 있습니다. 또한 작업 일에 충분한 수준의 인간 친화적인 "카리스마의 분위기"를 달성하기는 어렵습니다. 열정의 정도가 다양할 때, 우리 독일 동료는 저자가 지금까지 주목 한 바와 같은 치료법을 사용합니다. 중국 또는 일본과 달리 한국에서 차를 마시는 것은 흔한 일이 아니라는 말에 놀랍습니다. 그리고 젓가락 사용법에 관해서는 많은 연습을 통하여 잘 사용할 수 있게 되는 것입니다.

d. 한국 베개(목침, 木枕)

유럽의 관습과 훨씬 다른 한국의 침구 중에는 "접는 매트"가 있습니다. 한국인들은 이 매트를 볏집 대신 솜을 넣어 만드는데 접을 수 있게 만들어 이동식(Portable) 침구라고 말할 수 있습니다. 이런 형태의 간편한 매트(요)는 유럽인에게는 그리 익숙하지 않은 침구입니다. 그런데 더 익숙하지 않는 침구는 잠잘 때 머리를 받치는 나무 블록 즉 목침(木枕)일 것입니다. 약 15cm 길이에 단면이 대략 30cm 내지 40cm의 사각형 나무 블록이 머리를 떠받치는 것이 목침입니다. 품위 있는 목침은 단단한 나무 블록에 헝겊을 싼 것도 있고, 더 나은 형태로는 자수 무늬가 들어 있는 헝겊으로 싼 것도 있습니다. 이런 장식된 목침을 쓰는 사람은 사회적

신분도 높은 사람입니다. (한국에서 살아 본 일본인들에게는 그렇지 않았을 것입니다).

어두운 밤에 아파트 건물의 방 조명은 최근에도 촛불로 제한되었습니다. 아직 전기 시설이 완비되지 않은 것이 그 원인입니다. 실내의 크기와 높이 문제 때문에 새로운 기술이 본격적인 역할을 하지 못하는 것 같습니다. 전기 장치가 있어도 그냥 전구로만 조명을 하고 있습니다. 에너지 공급 매체로서의 가스는 아무런 역할을 하지 않았거나 많아야 매우 종속적 인 역할을 수행하는 것으로 보입니다.

e. 한국인들의 관습

지금 몇 개월 동안 우리의 아름다운 호스트(host) 국가와 그 사람들과의 친밀감을 느끼면서 좀 강조할 점이 있습니다. 무엇보다, 그것은 특히 유치원과 저학년 어린이들의 높은 존경심의 표현입니다. 우리는 첫 번째 도시산책 중 그들이 다양한 색채로 된 의상을 입고 춤추고 있는 것을 일찍 눈치챘습니다. 이런 장면은 주말과 공휴일에 반복되었습니다. 모든 사람들과 국가의 후손에 대한 사랑과 관심을 인식시키고, 아동의 의무 문화적 전통을 보존하고, 항상 눈에 띄게 하기 위한 노력입니다. 그러나 분명히 알아볼 수 있는 점은 형제자매가 어떻게 더 어린형제 자매에게 헌신하는지를 알았습니다. 어머니들은 온 종일, 심지어 극장에서도 밤늦게까지 유아와 꼬맹이를 등에 업고 지내는 것입니다. 이러한 형태는 나중에 특히 나이가 들면 척추가 비뚤어지지 않을 수 없습니다. 힘이 들어도 큰 아이들은 꼬맹이 동생들을 역시 등에 업고 다닙니다. 적어도 여기서 한국 여성들이 사회에서 겪고 있는 큰 부담을 알게 됩니다. 그들은 봉건시대에서 가장 힘든 세월을 보냈지만, 지금도 일상 생활에서 상당한 부담을 지고 있습니다. 특히 우리가 주시하는 것은 한국부인들이 집 밖에서 흐르는 시냇물에서 빨래하는 장면입니다. 평평한 돌 표면에 젖은 빨래를 놓고 나무방망이로 두들겨 때가 빠지도록 합니다. 확실히 쉬운 일이 아닌데 여학생조차도 이미 참여하고 있습니다. 허리에 주름 잡은 스커트(치마)와 짧은 볼레로 자켓(저고리)이 겨드랑이 아래까지 살짝 드리운 한국 여성들이 전통적인 드레스를 입는 모양은 더욱 보기 좋습니다. 단추는 옛날에 한국에 알려지지 않았기 때문에 옷고름이라고 하는 리본(ribbon)으로 옷깃을 여몄습니다. 평일에는 스커트(치마)와 자켓(저고리)을 흑백으로 착용하고 명절에는 다양한 색상의 주름 있는 옷을 입습니다. 세탁 위생문제와 앞으로 가정작업이 기계화 되면 한국의 전통적인 세탁방법은 점점 없어질 것입니다.

이 나라에서 수개월 살아보았지만 한국인의 모습과 공존, 한국전통 보존에 대해 몇 마디로 말하기는 쉽지 않습니다. 그리고 자기 관찰을 잘못 해석할 위험도 있습니다. 이제 눈에 띄는 여성의 보살핌과 열심히 일한 것에 대한 몇 가지 관찰에 덧붙여, 사회에서 중요한 역할을 담당할 또 다른 그룹이 있습니다. 이것은 노인 특히 신사, 또는 심지어 할아버지들과의 존엄한 거래를 말합니다. 그들은 위엄 있는 외모로 자신을 나타내며, 대개 아주 얇은, 종종 흰 턱수염을 가지고 있습니다. 그들은 젊은 사람들의 현저한 존경심을 즐기며, 우리에게 확실히 더 눈에 띕니다. 물론 그것은 역사적 뿌리를 가지고 있을지도 모릅니다. 거의 모든 곳과 마찬가지로 단순한 농부는 한국 국가의 최하계층입니다. 한국 사회는 엄격한 계층적 봉건 사회였으며, 그들의 고위 인사는 그들의 의관(衣冠)에 의해 금세 알아 볼 수 있었습니다. 운이 좋으면 가끔 검은 색, 얇고 빳빳한 말총으로 만든 지름 50cm 정도의 둥근 테두리에 원통이 달린 모양의 모자(갓)를 쓴 존경스러운 노인을 가끔씩 만날 수 있습니다.

사회적 지위가 높을수록 의관모양이 복잡해집니다. 그런 형태의 모방은 심지어 오늘날에도 아마도 극장 연극에서 볼 수 있습니다. 그러나 나는 (아직) 그것들을 다른 형태와 의미로 완전히 파악할 수 없습니다. 이것은 또한 우리 호스트(host) 국가의 역사에 관한 우리의 지식이 여전히 매우 부족함을 분명히 보여주는 것입니다.

오전에 한국인 동료들은 오늘이 일하는 날인데도 자리를 뜨는 실례를 하며 반룡산 방면에 간다면서 우리를 그곳에 가보기를 권유하여 우리들을 놀라게 했습니다. 우리는 그들을 따라 산에 올라가 축제 옷차림의 많은 사람들을 목격했습니다. 다른 휴일보다 훨씬 더 사람들이 많았습니다. 오늘이 한국인에게 중요한 날인 모양인데 그것이 무엇인지 이해하는 데는 시간이 필요했습니다. 한국인이 죽은 선조를 공경하는 날인 음력 8월 15일(추석)입니다. 그들은 죽은 조상들의 묘소에 가서, 조상의 마지막 휴식처인 무덤 앞에 식탁을 펴놓고 음식과 음료수를 차려 놓습니다. 친척들은 마치 죽은 조상과 다시 합류하는 것처럼 절도 합니다. 이러는 동안 여성의 애타게 곡하는 소리가 울려 퍼지고 남자들은 꾸준히 곡하는 아내를 꾸짖기도 합니다. 묘에 묻힌 사람들이 먹지도 못하는 음식은 여기에 모인 친척들의 잔치음식이 됩니다. 과거에는 이 날은 사람들이 춤을 추며 노래하는 휴일이었습니다. 애도의 날이 아니라 함께 모여 즐거운 시간을 나누는 날이었습니다. 우리는 좀 떨어진 곳에서 그 의식을 알기 위해 노력하고 있는데 그들이 친절하게 우리를 식사에 초대하는 것을 피할 수 없었습니다. 나중에 우리는 손님들이 그러한 경우에 환영을 받는다는 것을 알게 되었습니다. 의심할 여지없이 이것은 후손들께 삶의 긍정을 의미하는 일종의 죽음의식이며 우리 독일의 "죽은 일요일"과는 다른 것입니다.

4. 함흥시 도시계획 요약

1955년 2월 3일에 동독 정부는 함흥을 재건하기 위한 프로젝트를 결정했다. 2달 후인 1955년 4월에 실무작업이 시작되었다. 또 1956년 2월 14일에 동독 정부는 추가로 함흥의 인접 도시 흥남시의 재건을 위한 건설 컨설팅 프로젝트를 결정하였다. 또한 함흥 건설 프로젝트가 계속해서 우선순위를 유지했다. 1955년부터 1958년 사이에 작업한 모든 함흥 · 흥남시 도시계획안을 퓟쉘(Püschel)이 요약해 본 결과 그 도시계획안을 시행하는 데 있어서나 세부 계획면에서 문제점이 제기된다. 그는 "경제적 고려사항, 사회적 요구, 자연 조건"에서 이러한 문제점의 원인을 발견했다. 이런 문제점 등은 일반적으로 계획 초기에 인식하지 못했거나 간과했던 데에서 생긴 것들이다.

퓟쉘(Püschel)의 초록(抄錄)을 요약해 보면 다음 두 가지 영역에 중점을 둔다. 첫째는 두 도시의 "관계"와 "서로의 영향력 영역" 문제, 둘째는 두 도시의 실제적으로 건설하는 문제이다. 영향 영역의 구조적 계획은 지방계획의 일환으로 의미 깊게 수행될 수 없다. 오히려 함흥과 흥남자체의 건설에 직접적인 영향을 미치는 것이다. 이상 문제에 대한 해결책은 "도시계획의 임무"이며 이는 도 및 시(市)정부의 지원을 받아야 한다.

함흥과 흥남과의 관계 및 유역계획은 1954년 3월 11일 조선민주주의

인민공화국의 결의안에 기초되고 있다. 이 결의안에 따르면 심하게 피해를 입은 도시의 재건은 "번영의 증진, 주민의 노동요구, 주택, 문화 및 휴식에 대한 요구"는 역사적 및 지역적 조건을 고려하여 역사적 고적작물을 보존해야 한다. 전반적으로 "건설은 사회주의 사회질서를 반영할 것이고, 도시는 아름답고 주민들도 편안함을 느껴야 한다." 함흥과 흥남의 건설활동의 범위는 한국의 전통적인 건축 및 건설기술을 기본으로 하면서 동독의 현대적인 건설형태를 점차적으로 채택하는 절차로 옮겨갔다. 그러나 퓟쉘은 도시계획이 더 이상 지역 및 도(道)나 시(市) 정부의 필요에만 집중해서는 안 되지만, 함흥과 흥남의 두 주요 도시는 향후 이 지역의 중요한 부분으로 고려해야 한다고 주장했다. 도시와 그 주변을 하나의 단위로 이해하는 것만이 두 도시 간의 실제적인 구조적 연결을 충족시킬 수 있다는 것이다. "긴밀한 상호 의존성은 이 지역을 사회적 생산과 정치적, 문화적 삶의 절정을 생성하는 것이고 더 나아가 두 도시를 실제적으로 통합하는 생활공간을 만드는 것이다. 재개발 계획에 있어서도 도시개발에 대한 전반적인 개요를 얻기 위해 도시의 영향력 영역으로 업무를 확장하고, 이 영역을 도시와 함께 하나의 단위로 간주하여 국가 경제의 모든 요구가 공간적으로 배열되는 단위로 간주되도록 하고 있다."

이것이 가능하려면 도시계획에서는 두 도시의 영향 영역의 범위와 한계, 현재의 이 지역구조 및 그들에 대한 "경제적 전망"에 대한 지식이 필요하다. 또한 퓟쉘은 지방 자치제 및 도(道)나 시(市)의 계획을 보다 잘 조정할 것을 요구한다. 이러한 토대에 기반하여 도시계획은 이 지역의 경관, 문화적 역사 및 경제 구조를 정확하게 고려해야 하는 과제를 개발해야 한다. 또한, 이 구조 조건과 시 또는 도의 계획 의도를 모두 고려한 후 이 지역의 복구계획을 포함해야 한다. 핏쉘은 계획영역의 구조적 조건을 개발한다.

농업과 관련하여 함흥과 흥남은 두 지역의 영향을 받았다. 하나는 함흥평야, 이른바 함흥 벨트(belt)이고, 다른 하나는 "장진 - 부전 고원지대"이다. 함흥평야는 매우 비옥한 토질에 곡물생산에 적합한 기후를 가졌다. 그러므로 수세기 동안 중요한 곡물 생산(쌀, 조, 수수 재배) 지역이었다. 다른 한편, 고원지대는 물이 많으나 농토 개발이 안 되어서 임업이 주산업이었다. 소수의 빈곤한 취락민이 감자 같은 곡물을 생산하여 자급자족했다. 그래서 인구가 꽤 적었다.

핏쉘에 따르면 "북한의 사회주의 체제는 농업을 기타 산업과 거의 동등한 경제요소로 만들고 사회주의 건설에 가장 큰 관심을 기울일만한 가치가 있다."라고 그는 농업계획의 "방법론"을 제안한다. 이것은 특정 기능센터, 즉 기계 트랙터 스테이션과 학교시설이 계획영역 전체에 균등하게 분산되어야 한다는 사실에 근거한다. 놀랍게도 핏쉘은 기계 트랙터 스테이션(MTS)에서 "경제적 이동통신사" 뿐만 아니라 "국내의 문화발전"에도 기여할 수 있다는 것이다. 학교에서는 이 중요한 기능이 부여되지 않는다. 문화센터와 함께 MTS를 설립하면 마을은 "경제활동, 사업경영, 그 행정, 그리고 문화적 활동" 등을 한곳에서 하는 것이 이상적이라고 말한다. 예를 들면 "모든 농산물의 수집과 배포를 한 곳에서 이루어지는 중심점"이 된다는 것이다. 주요 마을은 "이웃 마을의 정치적, 문화적, 사회적 중심"이다. 이 다른 마을들 사이의 거리는 가능한 한 정확하게 규정되어야 한다.

핏쉘은 함흥과 흥남은 그들의 지방적 환경에 이 구조계획을 적용할 것을 제안한다. 강규제(江規制, 강둑 또는 강 제방을 조정하는 것) 및

“철도망의 재구성”과 같은 “상위 조치”도 긴급히 고려해야 한다. 북한 정부가 도시계획과 재건축을 모두 중요시하고 농업의 중요성을 매우 강조했다. 이 두 가지 목표를 동시에 추구하는 것이 필요하다는 사실에서 서로 간에 갈등을 초래할 가능성이 있다고 본다. 퓟쉘은 또한 장기 계획과 농업의 방법론적 구조화의 적용을 통해 이러한 문제를 해결하고자 한다. 함주를 지방도시로, 또 함흥을 지방 수도로 설립하는 일은 이미 말한 방법에서 수행되어야 한다. 함주는 이 과정에서 “농업 도시”가 될 것이다. 이것은 지방의 수도와 긴밀한 연결을 맺게 하는 것이 이상적이고 특히 "도시와 농촌의 이익에 대한 친밀한 융합을 유도한다는 것을 의미한다.

보다 구체적으로 도와 시는 “농촌 시민 편의시설”을 다른 도시의 시민들이 공유할 수 있으며, 이것은 함주구(區)를 사회주의 정부의 “도시와 농촌의 차이점 제거”를 위한 모범적인 모델로 만들 것이다. 퓟쉘에 따르면 “산업 공장은 도시의 성장과 주변 지역과의 관계에 중대한 영향을 주는 가장 크고 높은 도시의 중요성을 나타내는 경제적 초점이다.” 대부분의 산업시설은 흥남에 있어야 하지만, 퓟쉘은 도시의 산업 공장의 정확한 위치, 공장 구내의 확장 및 공장의 교통 연결과 관련하여 높은 수준의 계획을 위한 긴급한 필요성을 강조한다. 특히 철도, 귀금속 제련소, 기계 공장, 현존 및 새롭게 계획된 항만 시설과 관련하여 퓟쉘은 구속력 있는 결정을 요구한다. 이 모든 규제 경우에 있어 계획 및 개발을 크게 저해하는 ‘영토분쟁’이 상충하는 것이다. 퓟쉘은 부분적으로 북한 정부의 유능한 의사 결정기구가 사용규제에서 빠진 탈락한 것을 비판한다.

중공업은 흥남에 정착되어 있지만 함흥은 경공업, 특히 섬유, 건축 자재 및 식품 산업의 건설이 특징이다. 무엇보다 섬유 산업, 철도 및 난방 및 가스 설비에 대한 계획이 필요하다. 건설 지역의 운송 네트워크는 동해 연안의 재래 역사적인 무역로를 이용하는 것이 특징이며, 이는 함흥과 흥남시 발전에 크게 기여됐다. 이 길에서 발생한 교통망은 경제 및 군사적 관점에서 일제 식민지 시대에 확대되었다. 또한 두 도시는 철도 네트워크와 연결되었다. 퓝쉘에 따르면, 일본의 통치하에서는 다른 모든 수송망의 확장뿐만 아니라 항구의 건설은 무엇보다 한국의 최적화된 착취를 위해 이용했다. 따라서 북한의 사회주의 정부 하에서 기존 설비를 변화하여 경제적이면서 사회적 목표에 적용시키는 것이 필요했다고 본다.

사회주의 정부가 경제 생산 증가를 목표로 했기 때문에 인프라 개발이 특히 중요했다. 도로망에 관한 한, 퓝쉘은 기존 도로를 확장하여 산간 경관을 관광할 수 있게 하기 위해 자동차 통행도로를 건설하는 것을 제안한다. 통행에 적합하게 할 수 있는 가능성만을 확인한다. 그는 장거리 교통의 전환점(Transfer center)을 도심에 두는 것을 고려하지 않았다. 그는 또한 철도건설 계획과 철도건설의 조정과 항만시설의 개발이 매우 중요하다고 지적했다. 이에 더하여 도심 대중교통 계획에 대한 요구가 추가되었다. 경제적 사회적 목표에 적응시키는 것이 필요하다. 사회주의 정부가 경제 생산 증가를 목표로 했기 때문에 인프라 개발이 특히 중요하다. 한반도의 지정학적 상황에서 함흥의 공항 확장 가능성. 철도망의 발전과 관련하여 철도, 철도역 및 물류센터와 창고를 도심 지역에 두는 것은 도시계획 작업을 방해한다고 생각했다. 고위급 계획 기관의 결정이 누락되었다는 보고서는 세계 정치 상황으로 인해 북한의 해상 운송은 거의 완전히 중단되었지만 퓝쉘은 그럼에도 불구하고 장기적으로 항만 시설 및 관련 철도 및 도로 연결뿐 아니라 한반도의 지정학적 위치에 놓여 있는 경제적 잠재력을 이용하려고 한다. 그러나 핏쉘은 함흥공항의 가능한 확장에 대해 말하지 않았다.

〈그림 35〉 함흥시 설계사무소 직원들의 서명

제4장

인접도시 흥남시 도시계획

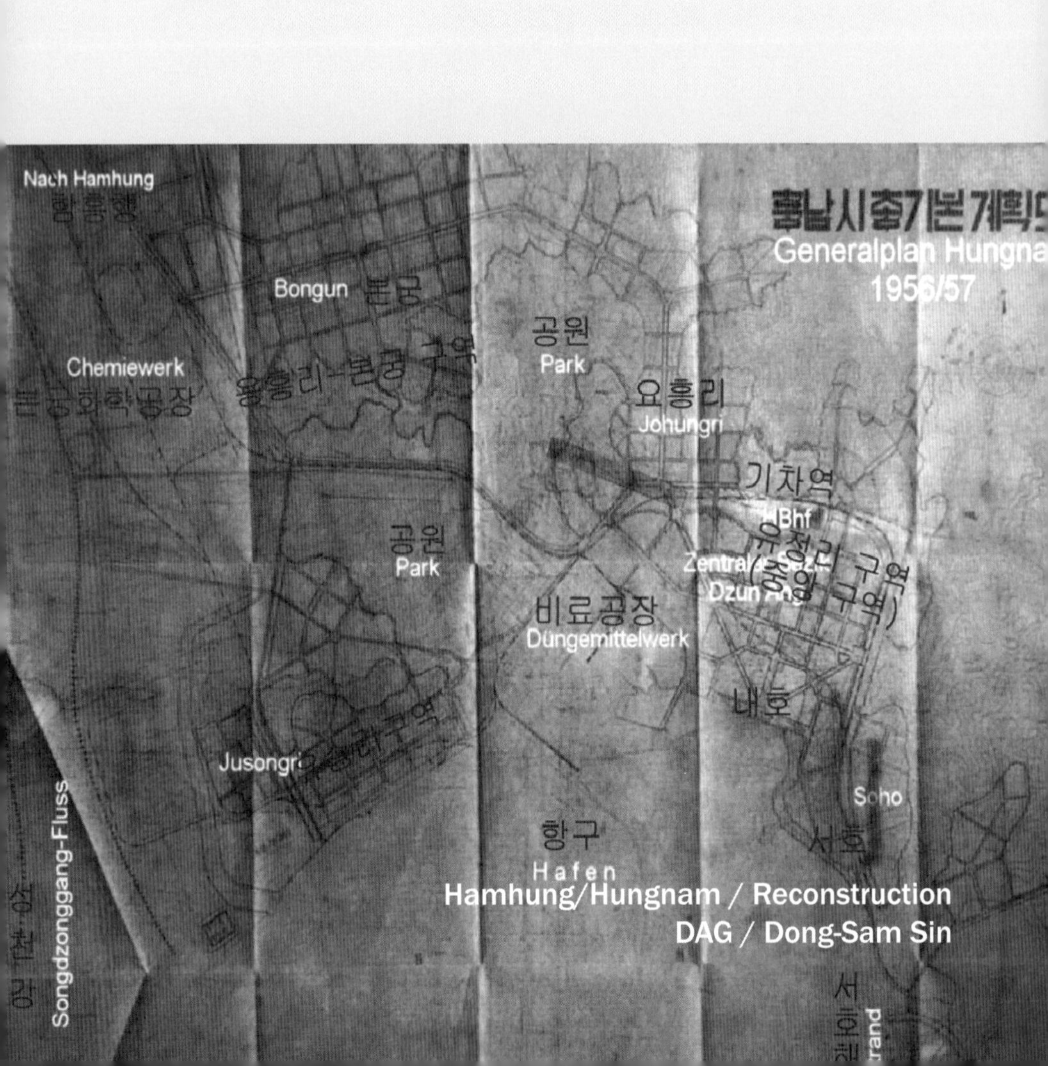
Nach Hamhung
함흥행
Bongun
Chemiewerk
공원
Park
요흥리
Johungri
기차역
HBhf
공원
Park
비료공장
Düngemittelwerk
내호
Jusongri
Soho
항구
Hafen
Songdzonggang-Fluss
Generalplan Hungna
1956/57
Hamhung/Hungnam / Reconstruction
DAG / Dong-Sam Sin

페테 될러(Peter Doehler)의 아들 올라프 될러(Olaf Doehler)가 흥남시 도시계획 보고서를 2014년에 필자에게 양도했다. 이 보고서에는 페터 될러의 흥남도시계획[1]에 대한 설명이 있다. 이 보고서는 세상에 처음으로 공개되는 것이다. 이 보고서에는 계획 목적에 대한 상세한 설명이 적혀 있고, 계획 구역의 세부 사항에 대한 기술(記述)도 포함되어 있다. 또 장소명이 기록되어 있지 않는 마스터플랜 도면도 포함되어 있다. 페터 될러(이하 "될러"로 단축함)에 따르면 이 플랜은 25년이란 긴 세월을 거쳐 완성한 계획이라고 한다. 그는 일반적인 5개년 또는 10개년 계획이 아니라 25년 계획으로 약 1980년쯤에 완성된 가상계획을 그린 것이다.

될러는 맺음말에서 "사회주의 국가들에서는 미래 계획을 현실화 하려면, 미래의 현상을 눈앞에 가상하면서 계획도를 그리고, 그 계획이 채택된 후에 그 계획을 필요에 따라 일부를 점차적으로 조정하면서 최종 목적을 달성하는 것이다. 즉 그는 미래 계획을 작성하는 일을 미래에 원래 설계계획을 조정할 필요가 생길 것을 가정하고 하는 것이다." 이런 생각으로 그는 흥남시 계획을 시작했으며 당시 제의된 계획이 확정된 후에 시내 지구를 위한 많은 주택건설 계획이든가 동해안 바닷가의 산업 플랜트와 수산 협동조합의 확장을 강하게 주장했다.[2] 필자는 그 주장을 이

1) 될러 문고집, 계획 보고서, 저자 소장.

2) 될러 보고서, 202쪽, 저자 소장.

해하기 곤란했다.

그의 계획 보고서에는 해당되는 도면이 없음으로 네 개 구역의 설명서, 흥남시 계획의 중요한 원문, 결론문장이 될러의 계획 아이디어를 이해하기 위해 그의 흥남계획도는 아니지만 아래 독일원본 지도 한 장을 보충자료로 여기에 게재한다.(〈그림 36〉 참조) 흥남계획과 연계되는 "도시계획의 제16개 기본조항"[3] 제3조항에 "도시들은 산업계에 의해 상당한 정도의 산업을 위해 지어졌다." 그리고 제4조항에는 "산업의 발전뿐만 아니라 활동면에서 운영상의 얽힘에 이르기까지" 등등에서 찾을 수 있다.

〈그림 36〉 1957년 흥남 총계획도 기본 분포도. 원래 그림은 풍화됐음(될러 보고서, 저자 소장.)

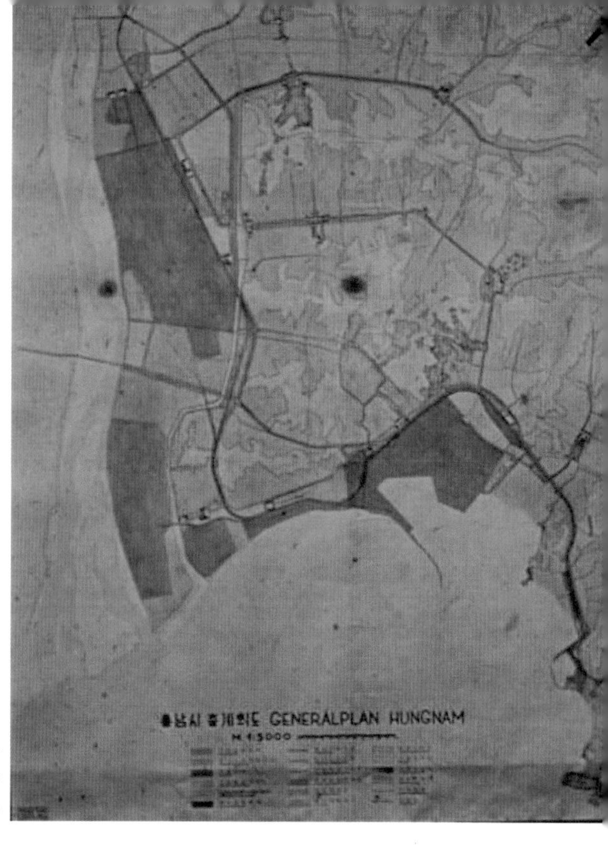

〈그림 37〉
흥남시 총계획도 1957년, 중요도로와 건설대지; 푸른 대지는 공장 (될러의 계획보고서, 저자 소장.)

1. 흥남 공업 지대의 형성사

흥남 공업지대가 탄생하도록 만든 원천은 흥남 북방 약 100km에 있는 개마고원의 수(水)자원이었다. 백두산 남서쪽의 함경도와 평안도 일대에 자리 잡은 개마고원은 무려 4만 평방킬로미터나 되는 광활한 고원이다. 이 고원에 내리는 강우량은 압록강 지류인 부전강(赴戰江), 장진강(長津江), 허천강(虛川江)에 흘러들어간 후 완만하게 북류(北流)하다가 압록강과 합류하여 서해(황해)로 빠진다. 그런데 이 북류하는 강물을 댐으로 막아 해발 1,000m이상이나 되는 개마고원에 큰 저수지를 만들고 그 물을 남류(南流)시켜 1,000미터나 되는 절벽으로 낙수(落水)시켜 전력을 생산하자는 아이디어를 낸 일본인이 있었는데 바로 모리타(森田一雄, 東京帝大 전기과 졸업) 씨이다. 그는 5만분의 1 지도를 펼쳐놓고 개마고원의 특수한 지형에서 수력발전의 가능성을 발견했다. 그는 서해로 흘러가는 물을 동해로 흘러가게 하면서 전기를 생산할 방안을 최초로 창안한 인물이기도 하다.

그는 부전강 유역만으로도 22만 킬로와트의 전력을 생산할 수 있다고 추산했다. 그리고 그 막대한 전력을 소비할 사람을 찾던 중 그의 동경제대 동급생인 노구치 준(野口遵)과 상의했다. 당시 노구치는 이미 일본질소비료주식회사(日本窒素肥料會社)의 사장으로 회사를 경영하고 있었다. 일본의 신흥 재벌인 노구치는 모리타의 아이디어를 받아들여 흥남에 질소비료공장을 건설하기로 했다. 1926년에 노구치와 모리타는 부전강 수계발전사업을 위해 조선수전(朝鮮水電)주식회사를 설립했다.[4]

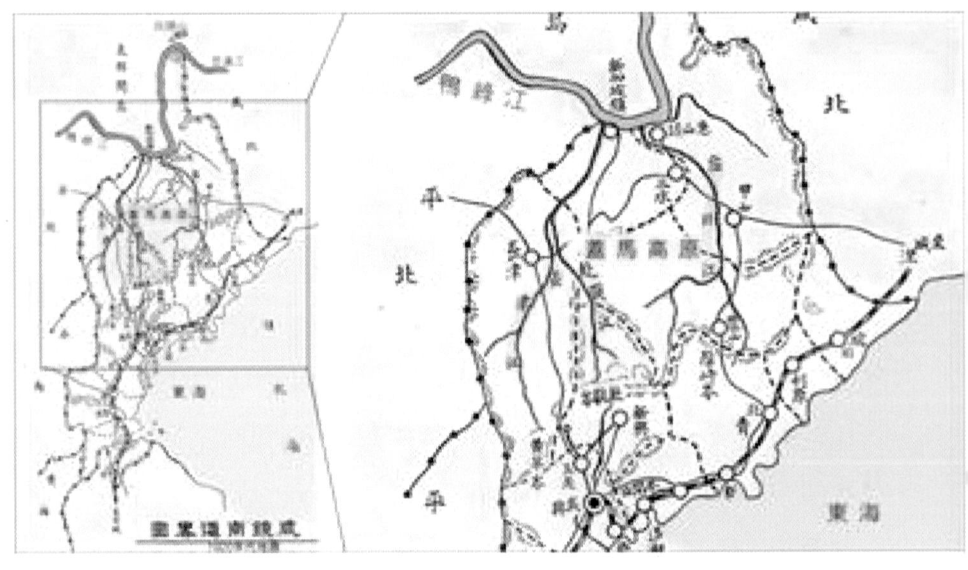

〈그림 38〉 개마고원과 3(부전, 장진, 허천)강 유역

4) 미주반룡지 제24호, 2008년 하만섭 발행

다음 페이지에 부전강, 장진강 수력발전에서 생산한 전력을 흥남공업지대와 기타 지역에 공급하는 배전시스템을 그린 회화(繪畵)가 있다.

〈그림 39〉 개마고원 수력발전 시설과 흥남공업지대를 그린 회도
(聞書 水俣民衆史 ⑤ 植民地は天國だつた」 1990 內川天裕 발행)

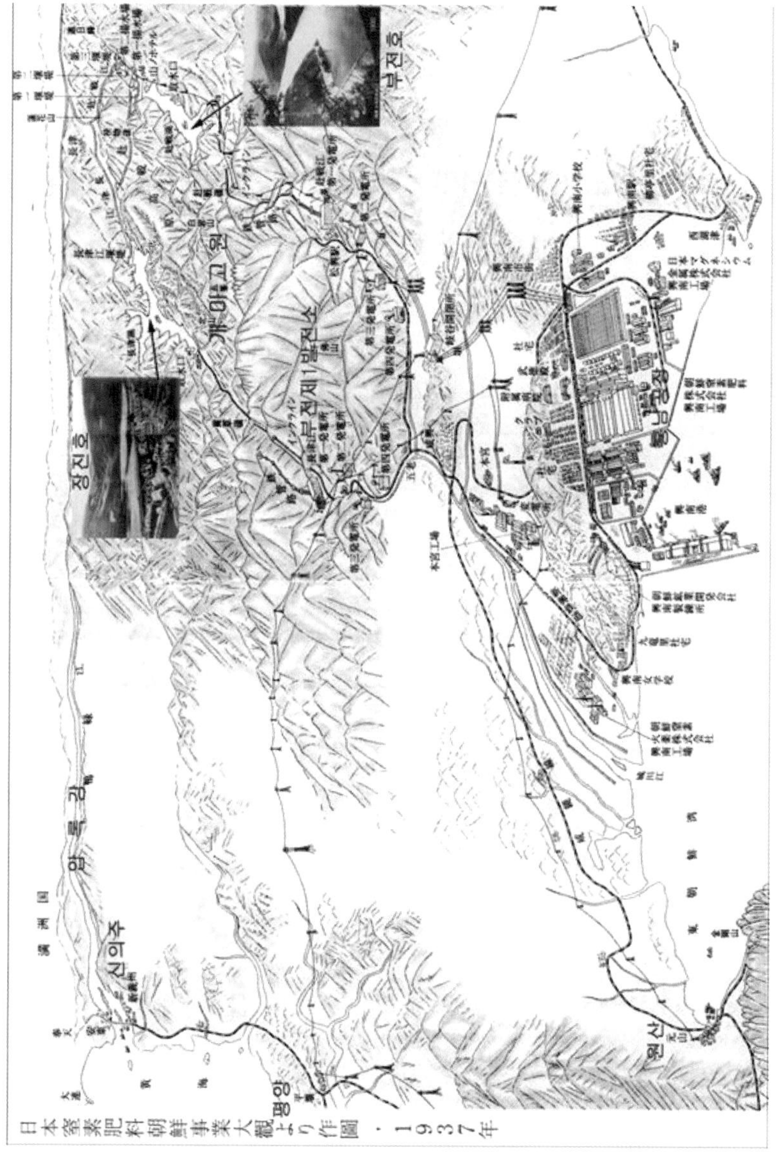

〈그림 40〉 100년 전 흥남지대의 어촌 마을, 왼쪽이 바닷가이다(될러 보고서, 30쪽.)

〈그림 41〉 옛날 어촌 마을이었던 흥남지역. 오른쪽이 바닷가이다(될러 계획설명서, 30b, 저자 소장.)

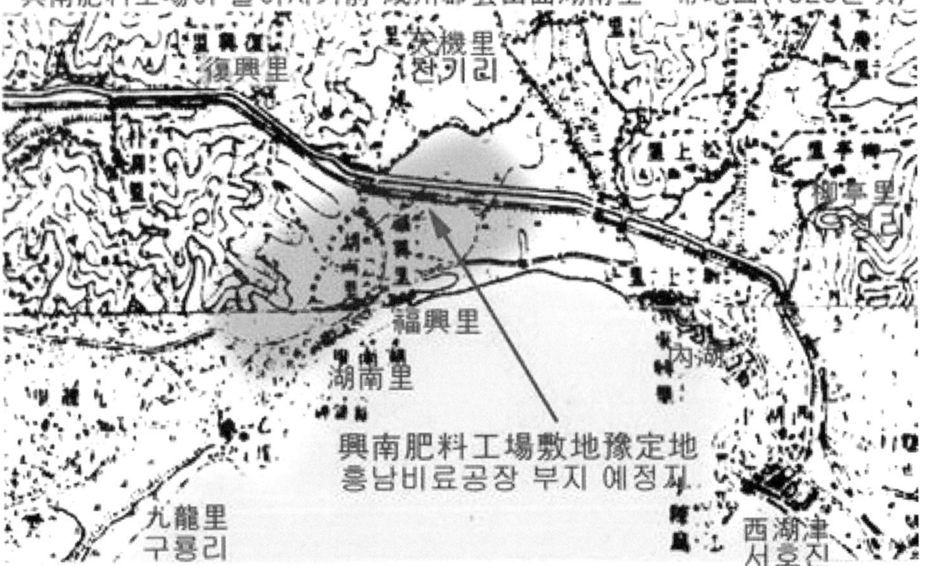

〈그림 42〉 흥남비료공장 형성 이전 함주군 운전면 호남리 일대 지도(재미교포 한만섭 제작).

1927년에 일본질소비료주식회(이하 일질소로 약칭)가 조선질소비료주식회사를 설립하고 흥남공장의 기공식을 함주군 운전면 호남리에서 거행했다.(〈그림 42〉 참조). 기공식 이전에 일질소 측이 공장 부지를 어민으로부터 매입하는 과정에서 일제가 경찰을 동원하여 강제매수를 하였다. 이 과정에 대해 당시 동아일보는 어민들의 수난과 항변을 자세히 보도한 바 있다.[5)]

〈그림 43〉 1927년 흥남비료공장 기공식(될러의 보고서 31a쪽)

다음 〈그림 44〉은 1930년에 완공된 흥남비료공장의 사진이다.(촬영일자 미상)

5) 미주반룡지 제34호, 2013년 한만섭 발행

〈그림 44〉 1930년 완공된 이후의 흥남비료공장 일부 모습(될러 보고서, 31b쪽, 저자 소장).

〈그림 45〉 1936년 일본 육지측량부가 제작한 흥남지역 지도(한수웅 소장)

〈그림 45〉는 흥남 비료공장이 들어선 후 1936년에 일본 육지측량부가 제작한 지도의 일부이다.[6] 이 그림에서 보는 바와 같이 1930년에 흥남 비료공장이 준공된 이후 흥남항과 회사 사택이 구룡리에 많이 건설되었다.[7] 아래는 흥남 비료공장과 흥남항 항공사진이다.

〈그림 46〉 1935년경 하늘에서 본 흥남비료공장과 흥남 항구
(鎌田正二著「北鮮の日本{人苦難記－日窒興南工場の最後一」).

흥남리(興南里)의 고을 이름을 따서 흥남면(興南面)이 생겼고, 1931년 12월에 흥남면은 흥남읍(興南邑)으로 승격하여 초대 읍장에 노구치(野口)사장이 임명되었다. 그 후 1944년에 흥남읍은 흥남부(府)로 승격했다.(한편 1930년 10월에 咸興邑이 咸興府로 승격하면서 咸興郡은 咸興府를 뺀 나머지가 咸州郡이 됨). 이상과 같이 몇 십 가호밖에 없던 어촌지구가 1927~1930년 사이에 흥남비료공장 단지가 됐고, 1935년까지

6) 1936년 일본 육지측량부 제작 함흥 – 흥남지역 지도에서(한수웅 소장)
7) 미주반룡지 제34호 한만섭 편집

계속하여 화학, 제련 공장 등이 증설됨으로서 큰 공장지대로 변모했다. 새로 축성한 흥남항 부두에는 생산품인 비료를 비롯하여, 기타 제품이 쌓였다. 많은 제품들이 일본으로 공급됐다. 흥남부두의 하역 용량은 24시간 동안에 6,000톤을 하역할 수 있게 됐다. 선적시설은 10,000GRT급 선박 2 척, 3,000GRT급 선박 3척, 그리고 500GRT급 선박 한 척이 동시에 정박할 수 있게 됐다. 흥남항은 지리적으로나 경제적으로도 참 좋은 위치에 있다.

183쪽 그림은 1935년경에 촬영한 흥남 파노라마 사진에 건설된 공장들이다. 그림을 동(東)과 서(西) 두 부분으로 나누어 싣는다.(〈그림 45, 46〉)[8)]

〈그림 47〉 조선질소비료주식회사 전경(동부) 흥남비료공장

8) 재미교포 한만섭 제작

〈그림 48〉 조선질소비료주식회사 전경(서부) 흥남부두와 제련소

〈그림 49〉 흥남공장지역 회사 사택-(좌) 구룡리 4, 5구 용원(傭員) 사택
(聞書 水俣民衆史 ⑤ 植民地は天國だつた」 1990 内川天裕 발행)

사진 앞에 한국인 부락이 보임, (중) 용원, 용원 조장(組長)사택, 10동 연립, (우)사원, 간부 사택, 왼쪽 원경 독채 사택, 오른쪽 근경 중앙 2동 연립 사택

흥남 공업지대의 형성으로 많은 일본인들이 일본에서 흥남지역으로 이주해 왔다. 일본인 사원들은 주로 회사가 제공하는 사택(社宅)에서 살았으며 한국인 노무자들은 사택 주변에서 살았다.[9]

---

9) 될러의 보고서, 3쪽, 저자 소장.

이상 사택은 모두 일본인을 위한 것이고 이와 별도로 다른 구역에 한국인들이 사는 사택도 있었다. 온돌방 흙벽에 벽지를 바른 연립 아파트였는데 창문은 유리대신 창호지를 발랐다. 월세는 일본인의 반 정도였다.[10)]

해방 직전인 1945년 6월의 통계를 보면 흥남 및 본궁 지역의 일본인 고용인의 수는 3,568명이었다. 이에 비해 한국인 고용인은 15,774명이었다. 그러니까 일본인이 19%, 한국인이 81%의 비율을 차지했다. 그러나 이 비율은 일제 말기인 1944, 45년에 태평양전쟁으로 인해 일본인이 군대에 많이 소집되어 갔을 때의 통계이고, 그 이전인 1940년경에는 일본인 고용인의 비율이 훨신 컸다.[11)]

아래에 1945년 해방 당시의 흥남 · 본궁 지역의 공장 분포도(〈그림 50〉)를 싣는다. 흥남공장지대는 1930년에 흥남비료공장이 준공된 이래 서쪽으로 제련소, 화약공장이 들어섰고, 북쪽으로 용흥과 본궁지역까지 공장이 들어섰다. 1945년 8·15해방 당시 흥남공장지대를 총 책임졌던 오이시(大石武夫)는 그의 회고록[12)]에서 다음과 같이 말하고 있다. "흥남지구 공장군(工場群)의 스케일을 보면 설비능력이 세계제일의 수전해(水電解, 장력을 수고로 변환하는 가술) 공장을 비롯해, 유안(硫安, 황산암모늄)공장, 유지(油脂)공장, 화약공장 등 다수의 공장 등으로 제일의 규모였다. 해방시 회사가 갖고 있던 토지는 5백 수십 만 평, 원자폭탄 맞기 전의 히로시마시(廣島市)보다 넓은 면적이다. 그 절반은 공장부지, 다른 절반은 사택용 부지였다. 종업원은 사외자(社外者)를 포함해서 4만 6~7천명, 회사 종업원 이외로 근로보국대, 인부, 학생(소학교에서부터

10) 상동

11) 상동

12) 일본 〈化學工業〉誌 1991년1월호 특집 흥남공장

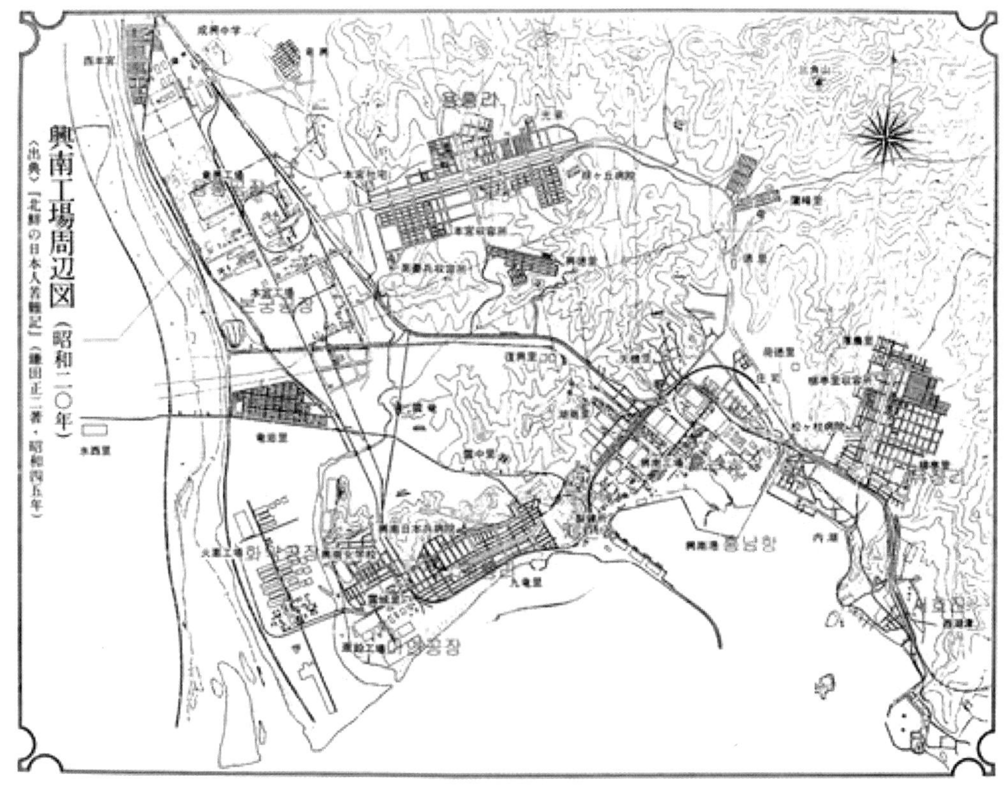

〈그림 50〉 흥남공장 주변도(출처: 「1945년 聞書 水俣民衆史 ⑤ 植民地は天國だつた」1990 內川天裕 발행).

대학까지), 수인(囚人: 성년수, 소년수, 여자수), 포로, 최후로는 군대의 응원대까지 있었다. 사용전력 50만 킬로와트, 공장용수 120만톤, 사용 석탄은 원료용과 연료(燃料)용을 합쳐 1년에 약 100만 톤, 취급하는 수소가스가 하루에만 백만m³ 이상, 생성되는 비료가 각종 합쳐 1년에 100만 톤이었다."

이렇게 영광스러운 동양 최대의 흥남공장지대는 해방으로부터 5년 후인 1950년 여름에 한국전쟁으로 인해 폐허가 됐다.(〈그림 51〉)[13]

13) 聞書 水俣民衆史 ⑤ 植民地は天國だつた」 1990 內川天裕 발행

〈그림 51〉 한국전쟁으로 파괴된 흥남비료공장

2. 흥남 공업지대 개요

다음은 흥남도시계획의 이야기를 시작할 터인데 그전에 재건단이 도시계획을 시작하기 이전의 함흥 · 흥남 지역상태도(〈그림 52〉 참조)와 계획지정 도시함흥 · 흥남의 지리학적 위치도를 아래에 싣는다.(〈그림 52〉 참조)

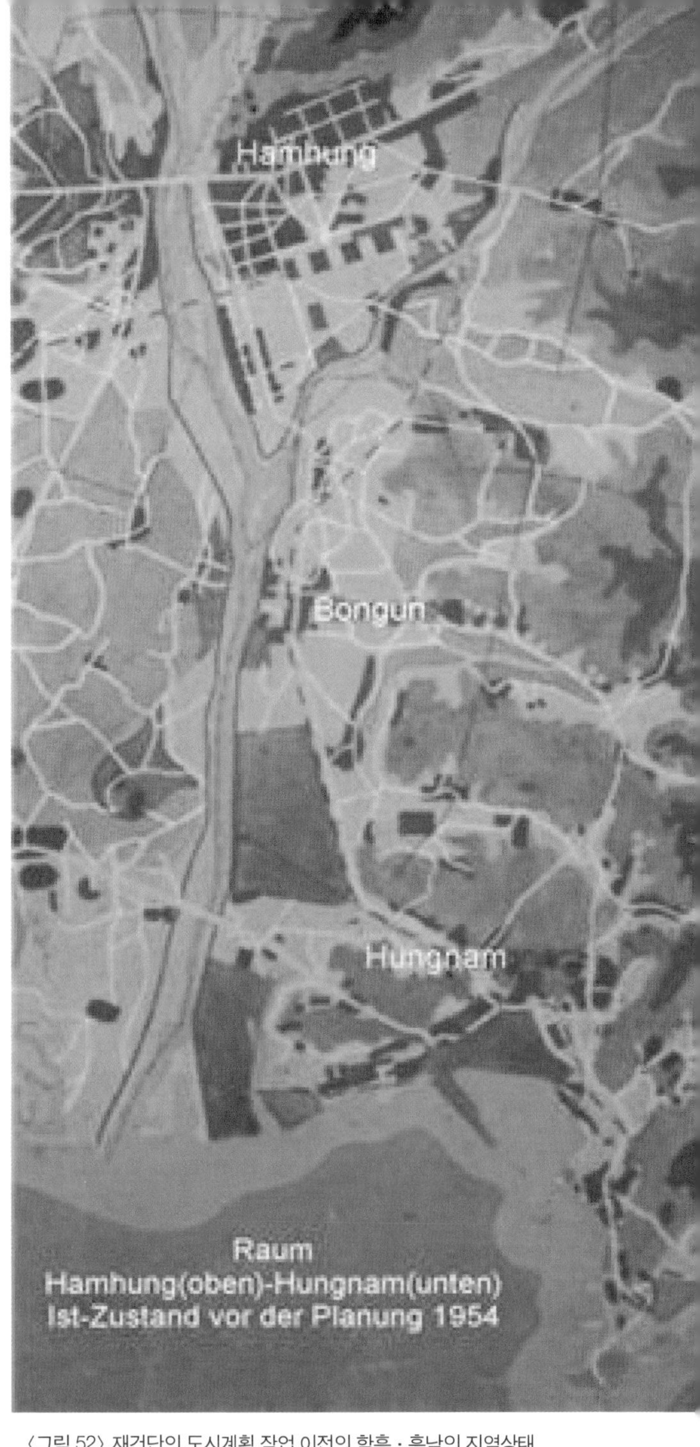

〈그림 52〉 재건단의 도시계획 작업 이전의 함흥·흥남의 지역상태
(퓟쉘의 문고집, 저자 소장).

〈그림 53〉 계획지정 도시 — 함흥과 흥남시의 지리학적 위치

처음에 언급했듯이 흥남지대는 비료공장 같은 산업도시로 개발됐으나 차츰 군수품을 생산하는 시설도 들어서면서 군수물자까지 생산하는 공장지대로 변했다. 1950년 한국전쟁이 발발했을 때 미군은 이 공장지대를 군수품 생산지대로 간주하였기 때문에 이 두 도시(함흥과 흥남)는 치명적 손상을 입게 됐다. 이 두 도시 주변 일대가 미군의 폭격으로 90% 이상이 파괴됐다.[14]

구동독 재건단이 이곳에서 발견한 것을 콘라트 퓟쉘은 그의 문고집에

14) 독일개발원조 1953/63, 이유재, 146쪽.

다음과 같이 서술했다. "일본 회사측이 제공했던 회사사택 지역은 지루하고 균일적으로 배열된 나가야(長屋, 일본식 연립주택 〈그림 49〉)으로 공장에서 힘들게 일하는 사원들에게 참된 휴식처를 제공하기엔 너무 부족하다." 그래서 그들은 흥남 산업지대의 노동자들을 위한 공장의 사택 시설을 상세히 숙고하고 공장 장비의 합리적인 기술계획을 추측하게 됐다. 주요 산업설비를 형성하는 일은 기본적으로 경제성에 기반을 두어야 하지만 그보다 중요한 것은 회사가 직원과 종업원의 안위와 행복을 제공해 주는 일도 사업 목적에 포함해야 한다는 것이다. 공장건설의 경제성 결정은 설립자인 일본 독점자본이다. 흥남공장 창시자는 자기 공장의 후생시설의 설치가 이윤을 내는데 도움이 되지 못한다고 판단하지만 그런 시설에 대해서는 투자를 하지 않았다. 흥남공장지대의 경우를 생각하면 산업시설에 투자한 영업주가 후생시설의 계획도 함께 도맡아 했기 때문에 흥남공업지대의 후생시설은 엉망이 됐다는 것이 퓟쉘의 생각이다. 또 그는 자연 조건이 도시계획에 주는 영향과 도시계획의 예술적 가치는 물론 고려되지 않았고, 20세기 인류의 거주, 휴양에 대한 요구조건도 역시 고려되지 않았다고 판단했다. 이런 조건하에서 흥남공장 사택은 마치 산업시설 처럼 취급 됐고, 그 주택은 거주기계(잠만 자는 공간)처럼 된 것이다. 그래서 주민들께 매일 노동력이 재생될 만한 쾌적한 거실 하나도 포함되지 않았다. 흥남공장 사택은 자본주의적 생산을 위한 후배 양성소에 지나지 않는다는 것이 퓟쉘의 주장이다.[15)]

15) 퓟쉘 문고집 18401, 13쪽, 바우하우스 문고 소장

3. 흥남 총도시계획안

될러(Doehler)는 흥남시의 특성에 대하여:

1. 흥남시 도시시설은 자연적 조건과 산업지대: 특히 흥남 비료공장과 본궁 화학공장에 의해서 형성되었으며 언덕의 자연조건 때문에 인접 도시 함흥시처럼 콤팩트한 도시가 아니라 많이 분산됐다. 일곱 지역으로 갈려진 거주지대는 면적이 30h 내지 500h의 크기로 되어있다. 그러니 새로 시도할 도시계획은 여러 도시 부분 혹은 위성도시들을 유기적으로 공존할 수 있게 해야 한다.[16)]

2. 도시의 모양과 위치 유형: 서로 분리된 주택지역과 공장지역을 연결하는 교통망은 "한국전통 참빗"(머리빗이 양쪽에 달린 빗) 모양의 교통 드레싱으로 한다. 이 드레싱은 흥남공장지대의 중앙을 통과하는 철로에 4개의 기차역을 두고, 철로선의 한 쪽에는 주택이 있는 동네와 연결하는 도로를 설치하고, 철로의 다른 한 쪽에는 철로에 따라 2개의 공장출입 광장을 설치한다는 개념이다. 철로 양쪽을 직접 연결하는 고가교(高架橋)도 필요하다. 이런 교통망 계획은 여러 도로 교차점과 철도노선과를 유기적으로 연결하는 것으로 도로망 형성에 매우 중요한 것이다. 될러는 이런 식의 도시계획을 "빗(comb) 도시" 라고 칭했다.[17)]

3. 언덕과 산 사이의 도시: 거주 지역은 모든 산업시설의 동북쪽 산등 사이에 배치됐다. 여기서 전형적인 것은 시가중심에서 퍼지는 중요도로가 높은 산기슭까지 이른다. 그리고 그 길은 다른 산등에서 올라오는 길과 모세혈관과 같은 소로(小路)와 연결된다. 미세한 정맥이 주요 동맥과 연결되는 식이다. 소로는 400m 내지 1,500m 깊이의 골짜기까지 들어간다. 지배적이고 저명한 곳에 주요한 건물과 공공시설이 건설되었고 그 건물들은

---

16) 될러 보고서. 123쪽, 저자 소장.

17) 될러 보고서 123/124쪽, 저자 소장.

훌륭한 외모를 나타낸다. 이것이 한국 도시건설의 전통적 시점이다.[18)]

4.바닷가의 도시: 흥남은 동쪽과 남쪽이 동해에 접해 있고 서쪽에는 성천강이 흐른다. 이 도시는 여러 축의 큰 산업도로가 퍼져나가는 교통 시발점이다. 본궁화학공장과 흥남비료공장에서 생기는 유해한 매연으로부터 주택단지를 보호하기 위해 여러 가지 시설이 인근에 설치되어 있다. 기타 수공업과 교통업체도 있다. 그리고 흥남시 동남쪽에 위치한 유정리 주택지역에 인접해 있는 서호진까지를 포함한 흥남지역을 생각하면 흥남은 "바닷가의 도시" 특성(될러의 표현)을 모두 갖춘 도시가 된다. 더 남동쪽 2.5km 떨어진 곳에 해수욕장이 있어 흥남과 함흥 주민들의 여름철 즐거운 휴양을 할 수 있는 곳이다.[19)]

도시의 주거지역:

a) 면적 분포와 거주지역의 개발 유형: 흥남시 도시계획은 공업시설과 넓은 녹지대, 그리고 쾌적한 거주지역 등을 고려하여 공업지역과 거주지역으로 명확히 분리된다.

b) 도시는 주거구역(주거쿼터, quarter) 그리고 근린주거지역(소구역)으로 구성된다.

흥남은 네 개 도시구역으로 분할된다. 이 분류는 세 가지 고려 사항을 기반으로 했다:

I) 주민의 수: 하나의 도시구역의 주민 수는 보통 3만에서 6만 명인데 여기서는 최적인구수는 5만 명을 선택했다.

II) 여러 연속 주거지역을 한 개의 시구(市區)에 모으기로 노력했다.

III) 미래 거주구역계획에 현존하는 동리경계를 고려했다. 이 경계선은

18) 될러의 보고서, 124쪽, 저자 소장.

19) 될러의 보고서, 124-125쪽, 저자 소장.

대부분 언덕들의 능선에 따랐다. 주거구역마다 4개 내지 6개 주거쿼터(quarter)로 나누었고, 한 주거쿼터는 세 개 근린주거지역으로 되어있다. 따라서 가능한 한 경제적이고 유기적인 도시구역과 근린주거지역의 결합 디자인에 노력했다.[20]

a) 학교에 대하여: 흥남시청이 제의하기를 세 군데에 인접되어 있는 소구역 중 두 개는 리그(league)학급으로 7년제 학교로 한다. 이 계산 기준은 근린주거지역의 학생들이 두 학교 간에 진자(振子)처럼 왔다 갔다 교환 될 수 있다. 그리하여 이 세 개의 근린주거지역는 한(1x) 학교의 커뮤니티가 된다.[21]

b) 운동시설과 녹지분야: 계획에는 하나의 대지 안에 있는 세 학교 중 하나에 큰 운동장을 설치하고 다른 두 학교는 이 큰 운동장과 결부시켜 사용할 예정이었으며 또 세 개의 학교와 1만 명이 거주하는 지역과도 공용으로 사용키로 한다.[22]

c) 기타 후속시설에 대하여: 하나의 근린주거지역의 계획에 다음 같은 시설을 포함한다: 클럽-회의실, 전화박스, 레스토랑 및 산업제품 상점, 약국, 그리고 셀프 서비스 세탁소, 목욕탕, 판매상점 관리 및 정원 관리 센터 등이며 이들은 모두 자급자족하는 시설이다. 수용인원은 3,111명에 달한다. 이런 시설은 1만 명의 주민에게 경제적이고 고르게 사용할 수 있는 시설을 제공해야 한다.[23]

d) 운송 및 근린주거지역의 크기에 대한 문제: 공공 교통네트워크의 정류장에서 주거 건물과의 최대 거리에 의해 근린주거지역의 최대 크기가

20) 될러 보고서, 125,127 쪽, 저자 소장. 될러 설명서, 128,129 쪽, 저자 소장.

21) 될러 보고서, 129쪽, 저자 소장.

22) 될러 보고서, 129쪽, 저자 소장.

23) 될러 보고서, 128, 129쪽, 저자 소장.

결정된다. 이 거리는 400미터를 넘지 않아야 한다.

주거 단지의 이론적 크기는 다음과 같이 결정된다.

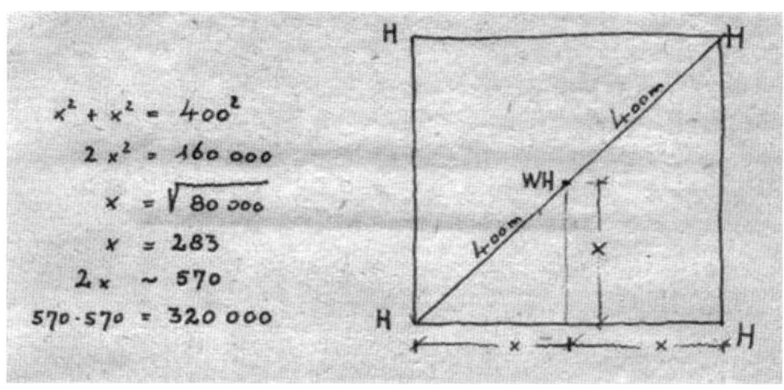

〈그림 54〉 주거 단지 크기 결정 공식

이것은 도시 교통수단의 정거장부터 복합지 내의 주거용 건물(주택)에 이르는 최대 허용거리에 해당하며 위 공식처럼 전 면적이 32ha 근린주거지역의 면적을 기준으로 한 것이다.

실질적인 경험에 따르면 최대 면적크기는 40ha이다.[24] 한국의 경우 4층짜리 주거 단지의 대지 면적은 12~13ha에 불과하다. 따라서 주거지역의 단일성에 대한 세 가지 것으로 판명된다. 이것은 주거 지역조차도 아직 교통 경로로 양도되지 않았음을 보장해야 하며 도시의 보다 경제적이고 질서 정연한 교통시스템을 강요한다.

e) 구성 및 디자인 문제: 그들의 지역에 있는 주거지역의 구성은 주요 거리를 고려하여 결정되며 될러(Doehler)에 따라 역시 광장 및 주요 공공

---

24) 각주보기 121, 학교아이들은 균등한 기회를 받게된다: 2개의 주거단지(소구역)에서 2개의 22학급학교가 세개의 주거단지의 필요를 충족시키기 위해 세워졌다. 3개 리그(league)로 되는 두개 7년제 학교는 3개의 주거단지에서 취학연령의 학생들을 받는다. 한반에 40명의 학생이 있는 이 학교는 한 학급에 840 명이 있고 두개 합해서1,680 명의 학생이 있다. 14세까지는 인구의 18%를 차지한다. 3개의 주거단지의 인구 숫자는 (1680x100)/18=9,333명이며 18주거단지에 거주하는 주민은 183,111명. 될러의 서문, 4,5쪽, 필자소유

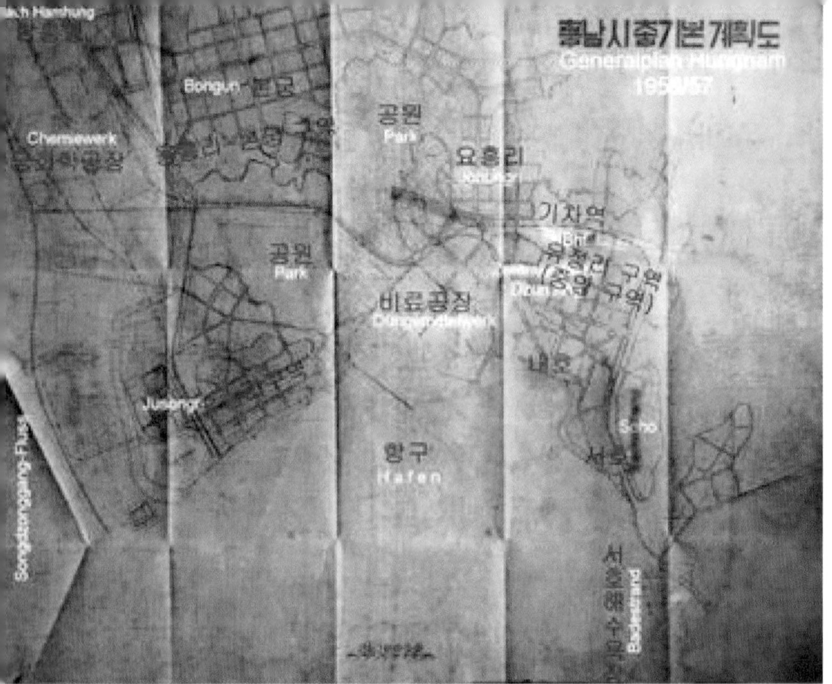

〈그림 55〉 1956/1957년의 될러(Doehler)의 흥남 총계획도

> 시설 및 녹지에 따라서도 결정된다. 주거지역에는 주거단지(소구역)와 비교하여 훨씬 더 창조적인 자유와 유사성이 있다. 그래서 예로서 학교, 운동장 및 녹지 공간은 주거지역인 휴양표점(標點)으로 설계되었다. 주거단지 및 거주 지역은 항상 도시의 다른 지역과 통합되어야 한다. 세분(細分)은 지역의 지배적인 조건에 달려 있다. 즉 지역의 크기, 공공시설까지의 거리와 지형조건은 주거단지의 조성에 결정적이다.[25]

될러(Doehler)가 디자인한 흥남의 4개 지구는 다음과 같다.

유정리, 중앙리(중앙구), 용흥리, 본궁

이 4개 지구들은 각각 함흥설계의 경우와 같이 주거단지 솔루션으로 계획되었다.[26]해당계획이 없기 때문에 1957년 될러(Doehler)가 작성한 총계획도 하나를 게재한다(〈그림 55〉).

---

25) 될러 설명서, 130,131쪽, 저자 소장.

26) 해당되는 계획설명서는 될러 문서에 있음 . 131~142 쪽

4. 흥남 유정리 소지구 계획안

룀러의 흥남시 총기획도(〈그림 55〉)를 보면 유정리 구역을 "중앙구역이"라고 칭하고 있다. 그는 유정리 구역을 흥남공업지대의 다운타운(Downtown, 도심지)으로 간주하고 총계획안을 작성하였다. 유정구역은 내호를 사람들이 레저를 즐길 수 있는 부둣가(Water front 또는 Wharf)로 연결시켰다.

룀러는 유정리 소지구 계획안에 대해 많은 기록을 남겼다. 아래에 그가 남긴 기록물의 일부를 설명하기로 한다.

아래 〈그림 56〉은 유정리 구역 계획안의 일부이다.

〈그림 56〉 흥남 유정리 소구역 축척 1:2,000 계획도면(저자 소장)

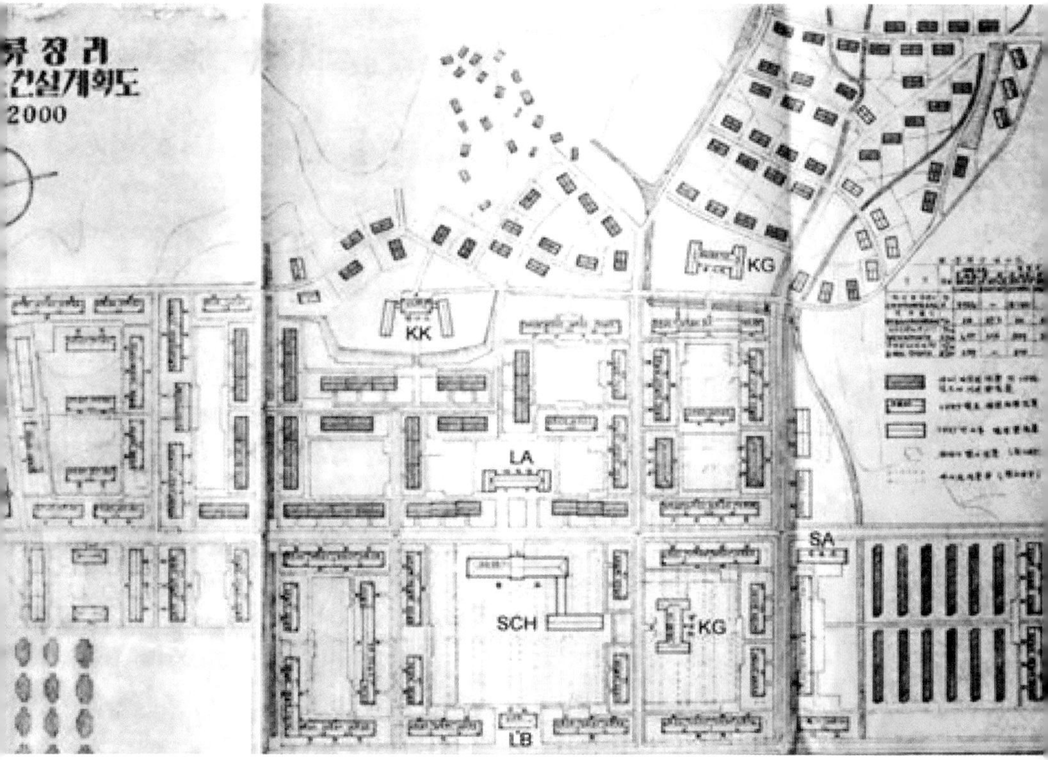

위 계획도면 설명:

총면적 15.13ha, 약 4,000명 인구

SCH =소학교 약 840명 아동

KK = 탁아소 약 104명 수용

KG = 유치원 약 100명 수용

LA = 식당과 상점

LB = 식료품 상점

SA = 의료 서비스

아래 〈그림 57〉은 위 〈그림 56〉의 모형사진이다.

〈그림 57〉 위 평면도〈그림 54〉의 모델 사진 - 유정리

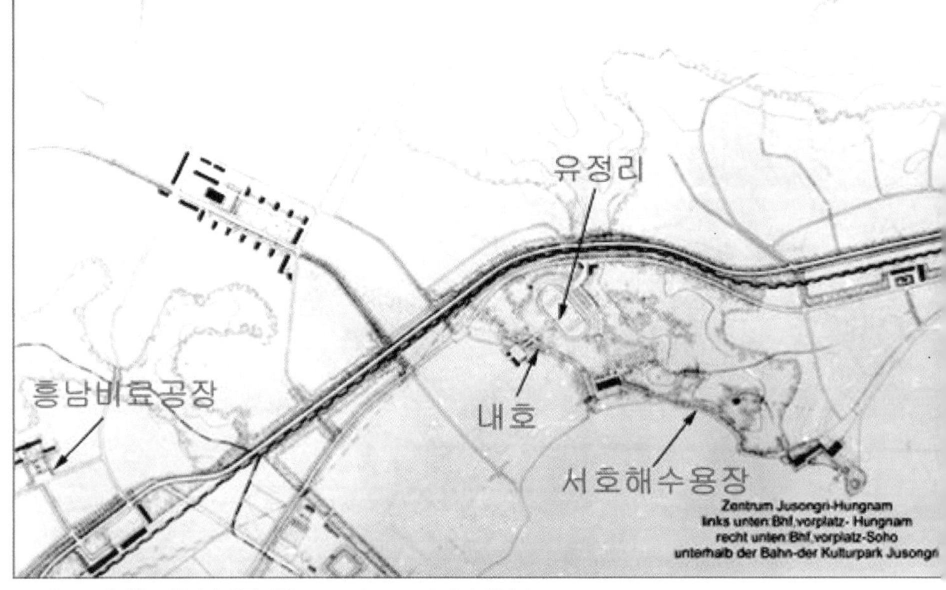

〈그림 58〉 될러(Doehler)의 설명서(Convolute), 132a 유정리의 중심
(출처: 될러의 보고서(Planungsbericht) 132a와 134b쪽, 저자의 문고집.)

흥남 유정리의 계획 특징은 다음과 같다.[27] 부지의 유용성이 풍부한 이 건물대지는 일제강점기 때 흥남공장의 사택 단지였으며 한국전쟁 때 폭격으로 완전히 파괴되었다. 총 대지면적은 18.53ha이며 단지개발은 1층, 2층, 3층 건물을 건설하는 주거 단지를 계획하는 것이었다. 대지의 지형적 구조에 따라, 단층 독채 주택은 산언덕 쪽에 짓고, 다른 건물의 위치를 다양하게 배치하여 건물의 배열 리듬이 깨어지지 않도록 설계하고 실질적으로 쾌적한 주거지 환경을 조성했다. 사방이 반듯한 도로 레이아웃을 고려해 다층 건물이 들어설 부분에는 학교 및 백화점를 배치했으나 주변의 가장 높은 지점과 연관해서 결정했다. 엄격한 규칙 구조물은 주변 건물의 구조의 영향을 받는다. 돌출부와 처마선, 창문과 로지아(loggia, 한쪽 측면이 개방된 형태)의 변위 및 뒤쪽과 돌출부의 외벽의 강력한 구조는 엄청난 활기를 만들어내는 유형의 단조로움을 제공한다.

〈그림 58〉은 될러의 보고서에 게재된 유정리 주변의 계획도이다. 내호

27) 페터 될러(Peter Doehler)의 보고서, 서언 9,10쪽, 1957. 4. 1.

와 서호 해수욕장이 오른쪽 아래에 보인다.

또 될러는 유정리 구역 남쪽의 서호 유원지의 개발계획에 대하여 아래와 같은 설명과 도면을 남겼다.

서호 지구에는 해변으로 지정된 2,500미터 길이의 해수욕장이 있으며 흥남 주민들과 함흥지방 주민을 위한 현대적인 해변 휴양지로서 계획됐다. 이 시설들은 수상 스포츠, 요트경기 및 모터 스포츠(수상스키)를 위해 설계됐다. 여기에서 5월초부터 10월말까지 약 6개월간 휴양할 수 있다.[28]

될러의 보고서에 기록된 서호 유원지 계획도면을 추가한다.(〈그림 59〉 참조)

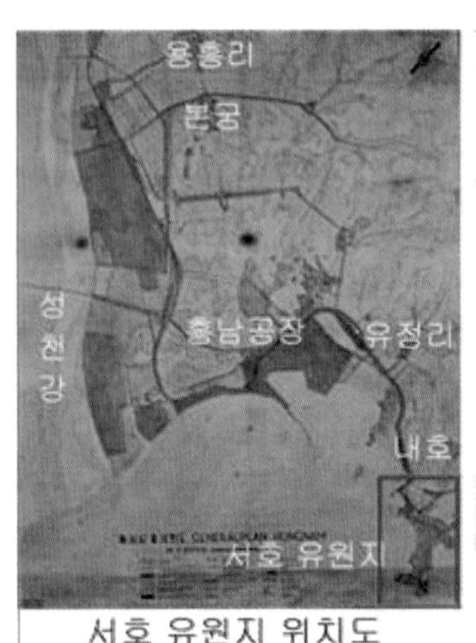

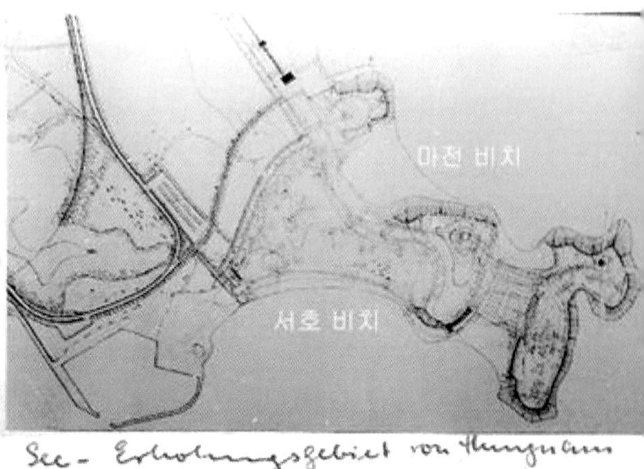

〈그림 59〉 될러의 서호 유원지 개발안

다음(199p) 사진은 될러 보고서에 있는 서호진 사진과 흥남 중앙광장과 문화공원을 스케치한 될러의 도면이다.

28) 될러의 보고서, 135a와 135b 쪽.

〈그림 60〉 된러의 보고서에 실린 사진(촬영지점 미상)

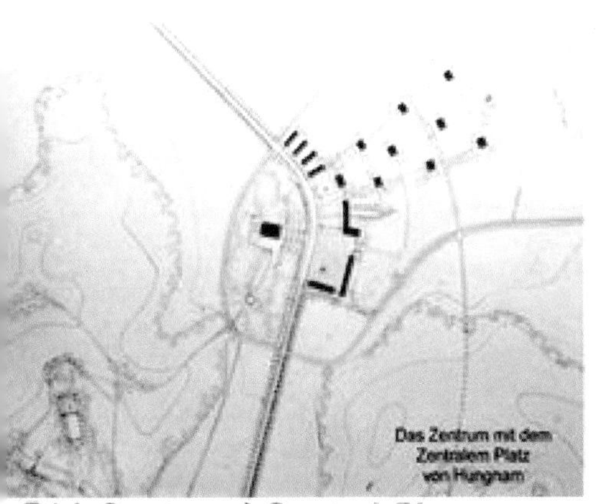

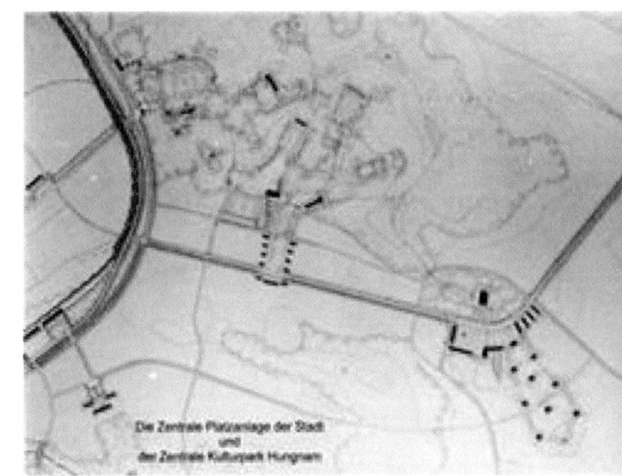

흥남 Street central space system an
Central Cultural Park

〈그림 61〉 된러 보고서 134b쪽, 센트럴 광장 및 흥남의 중앙문화공원(된러 보고서 135b 쪽).

5. 흥남 용흥리 소지역 – 본궁의 역사

위에서 흥남공장지내가 북으로 확상되어 본궁지역에도 공장이 들어서게 됐다고 했다(그림 54 참조). 그러면 본궁이라는 곳은 어떤 곳인가 살펴보기로 한다.

우선 될러의 흥남 계획보고에 다음과 같이 적혀 있다. 흥남시 지역은 옛부터 한국 원주민들이 정착한 곳이다. 처음에는 취락민들이 집단으로 모여 부락을 형성하고 살았다. 근대에 와서는 이 고장은 전형적인 한국 농촌이었다. 집은 전부 단층 건물이었고 집 프레임은 목재를 썼고 벽은 볏짚을 혼합한 점토를 썼다. 세월이 흐름에 따라 부락은 길쭉한 골짜기 밴드에 생기거나 또는 넓은 평지에 퍼져 생겼다.[29] 그런데 본궁은 조선(1329~1910)의 마지막 왕조와 깊은 인연이 있는 곳이다. 본궁에는 조선왕조의 제1대 왕 태조 이성계가 유년시설을 지내던 곳이다. 그가 살던 집(역사는 구저(舊邸)라고 기록함)도 있다. 1329년에 이성계가 수도(首都)에서 왕위에 오른 후 자기의 고향집 옛 저택을 확장하여 가계(家系) 기념관으로 개량했다. 태조는 후계자 문제로 왕자들이 난을 일으켜 왕세자를 살해한 일이 생겼다. 이로 인해 태조는 퇴위하고 고향집 옛 저택으로 돌아와서 조용히 지내려고 했다. 그러나 그의 아들인 태종(제3대 왕)이 아버지 태조를 수도 한양에 환도하도록 차사를 여러 명 보냈다. 결국 태조는 환도하였다. 그 후 옛 저택을 본궁이라고 칭하게 되어, 역사적 기념 사적(史跡)으로 보존되어왔다. 지금은 본궁 역사박물관 이라고 부르고 관광명소로 알려져 있다. 흥남시 도시계획가 페터 될러가 본궁을 방문했을 때 찍은 사진을 아래에 싣는다.

---

29) 될러의 보고서, 27쪽, 저자 소장.

〈그림 62〉 태조 이성계의 옛 거주지. 현재는 본궁 역사박물관(될러 보고서, 27a쪽, 저자 소장).

6. 본궁 및 용흥리 소지구 계획안 – 흥남 용흥리

아래는 용흥리 소구역 개발계획의 도면이다. 용흥리의 위치 지도는 〈그림63〉에 표시되어 있다.

위 도면 설명:

대지 총면적 11.76 ha, 주민 약 2,400명

SCH=소학교 840명 아동	KK=탁아소 104명 수용
KG=유치원 100명 수용	K H=백화점
LEB=식료품 상점	GST=레스트랑
INT=기숙사	

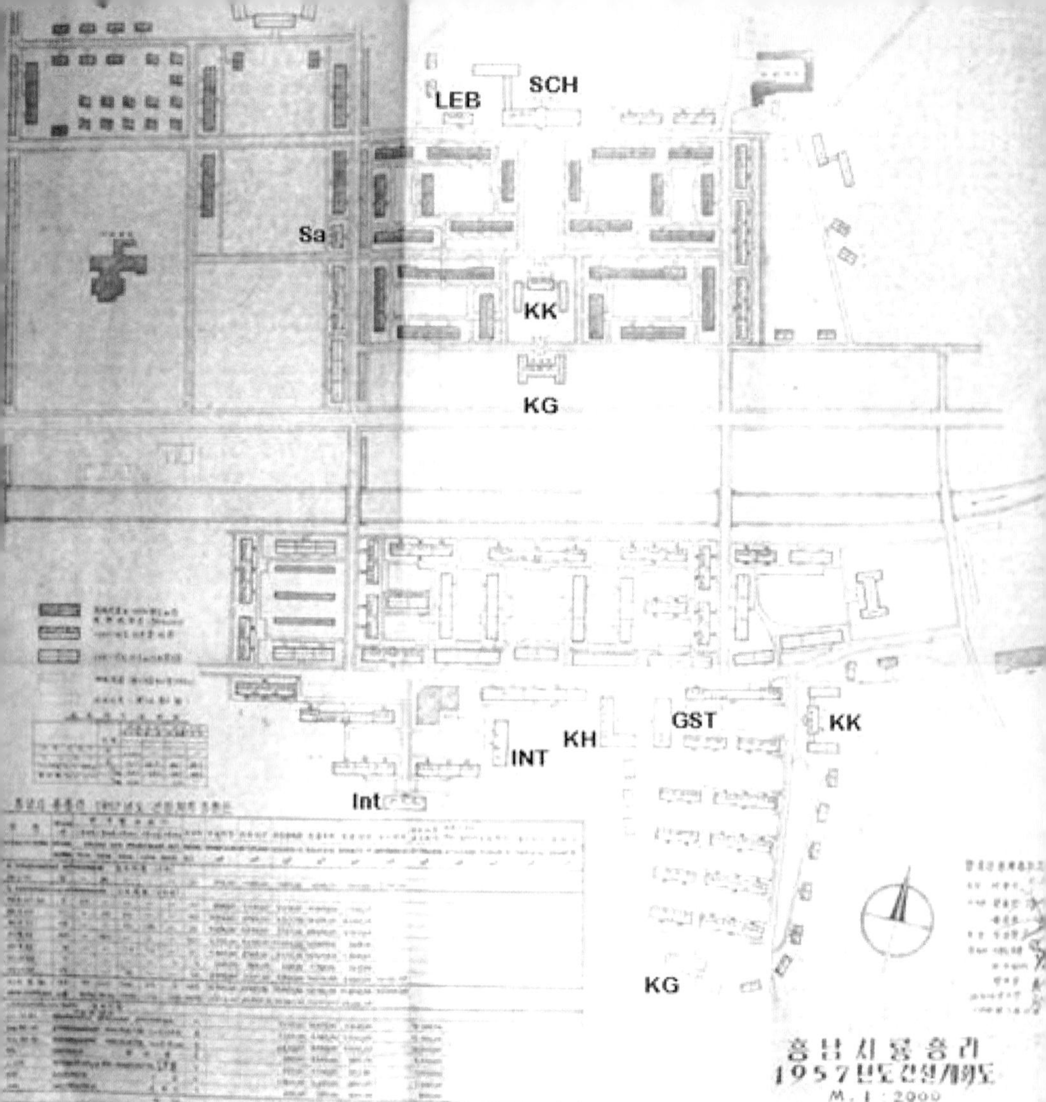

〈그림 63〉 용흥리 소구역 축척 1: 2,000 상세도와 설계자 콘라트 퓌쉘 싸인(1956. 6. 25일) (바우하우스 테사우 문고 저장).

흥남 – 용흥리 소구역 계획 설명:

용흥리 계획에서도 1층, 2층 및 3층 건물을 배치하는 계획을 하였다.

이 장소는 이전 일본 공장 정착촌의 폐허지였으며 지반이 약한 지형이다(집 기초에 추가적인 공사가 필요함). 학교 건물은 중앙지구의 가장 좋은 지점에 배치됐고, 주거지구는 산 경사면을 개발하여 규칙적인 도로망을 형성하는 것처럼 했다. 탁아소와 학교는 축 관계가 강한 대칭 중심이며 지형의 민첩성(敏捷性, Tightness)과 그로 인한 토지 공제(控除, Deduction)로 완화된다.[30)]

아래는 될러 보고서에 기록된 본궁문화공원과 공동묘지의 스케치이다.

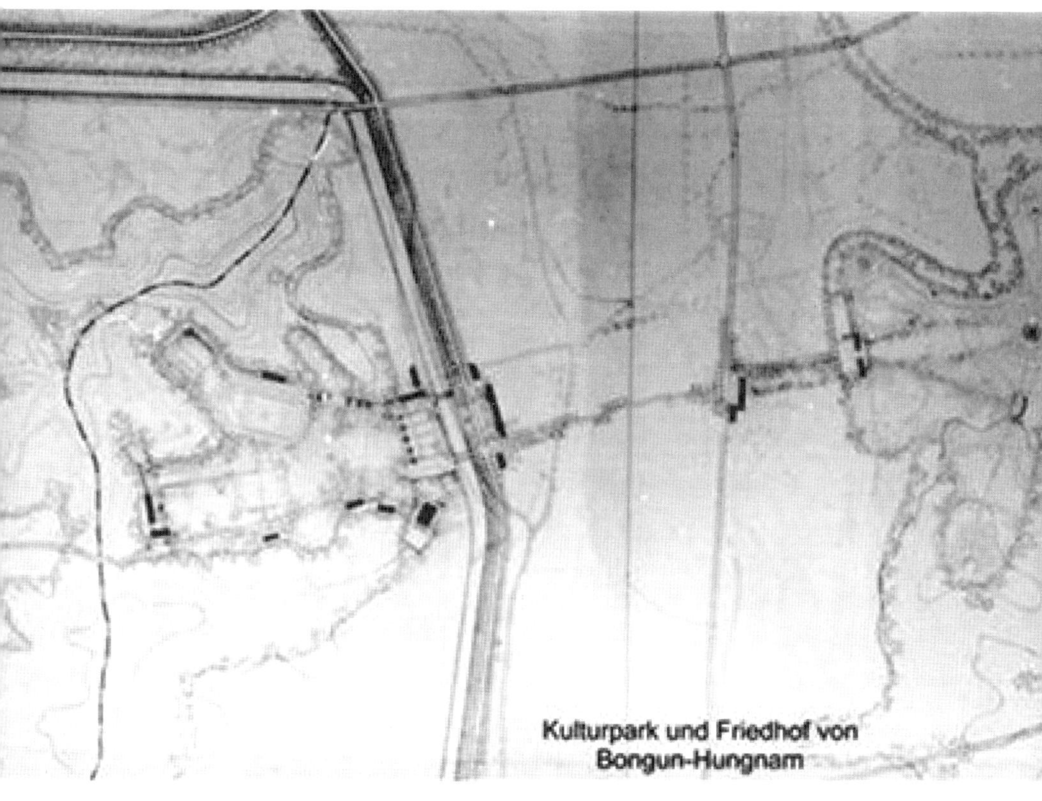

〈그림 64〉 본궁문화공원과 공동묘지(될러 보고서)

30) 될러의 보고서, 10쪽, 저자 소장.

참고로 될러의 설계설명서에 게재된 사진을 싣는다. 〈그림 64〉의 왼쪽은 유송리(Jusongri, 전 구룡리지구)의 것으로 되어 있고, 오른쪽은 요흥리(Johungrj)의 일제강점기 사택지구의 것이라고 되어 있다. 요흥리는 흥남비료공장 북쪽 경계와 붙어 있는 회사 간부의 사택구역이다.(〈그림 64 참조〉) 이 사진에 대해서는 더 연구가 요한다.

아래의 두 그림은 될러의 설계 설명서에 게재되어 있는 것인데 흥남지역과 함흥시를 연결하는 도로망 계획을 표시하고 있다. 〈그림 65〉의 왼쪽은 러시아 문서에서 따온 것인데 위에 함흥시, 아래에 흥남구역이 그려져 있고 두 도시 간의 도로망이 표시되어 있다. 오른쪽 그림은 동독 DAG의 문고집에서 찾은 것인데 함흥시와 흥남구역의 도로망이 표시되어 있다. 두 도시 간을 연결하는 도로망이 동과 서에 두 갈래로 표시되어 있는 점이 특색이다. 상세한 내용은 앞으로의 연구과제이다.

〈그림 65〉 흥남 요송리의 전 일본인 사택과(좌와 우하) 우상 사진은 신장로

아래 두 사진은 흥남지역개발과는 상관없지만 될러의 계획보고서에 실려 있는 사진이므로, 앞에서 설명한 장진강, 부전강 수력발전건설의 설명과 관련이 있어 여기에 전체를 기재한다(4. 1항 참조)

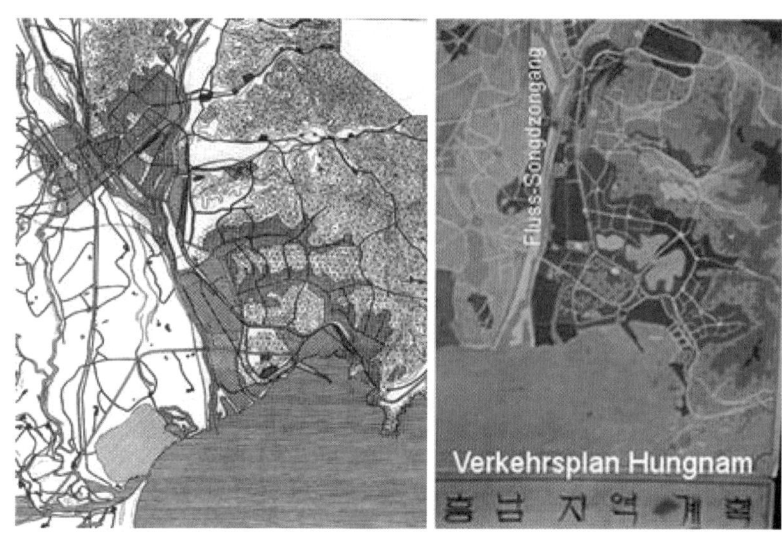

〈그림 66〉 흥남과 함흥을 연결하는 도로망 계획안
(왼쪽은 러시아 문서에서 인용, 오른쪽은 될러의 설계설명서에서 이용)

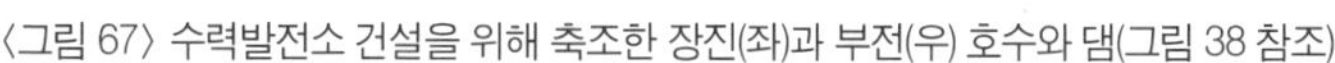

〈그림 67〉 수력발전소 건설을 위해 축조한 장진(좌)과 부전(우) 호수와 댐(그림 38 참조)

될러의 추가 보고서 내용

1. 산업 단지의 지역개발 및 신축: 한국인과 현장 견학 및 토론을 통해, 흥남지역의 기존 공간조건은 산업시설의 확장을 더 이상 허용하지 않는다는 것을 알게 되었다. 함흥 북부의 농업 토지만이 먼 미래에 함흥의 정착지까지 연장될 수 있다. 반면에, 함흥은 미래의 경공업의 초점이 될 것이므로, 흥남지역의 주거시설(주류 증류소 및 식품공장)이 함흥으로 이전하는 것이 좋을 것이라고 한다. 흥남의 기존시설의 확장이나 추가는 현재 공장 경계 내에서 새로운 기술장치만을 추가 또는 대체하는 것으로 제한되어야 할 것이다.[31)]

2. 산업의 혼란성을 줄이거나 제거하기 위한 보호 조치: 소련과 동독의 관련 규정에 따라 대기오염 감소를 위한 다음과 같은 조치가 계획되어있다: 오염 원천과 피해 주거지와의 거리 및 주거지의 인구밀도를 결정하는 일, 산업 및 주거지역 사이에 위생보호구역을 계획하는 일, 그린벨트를 적절히 계획하는 일, 마지막으로 통상적 풍향을 고려하는 일 등을 적용하는 일 등이다.

공장은 일반적인 기준에 따라 주거지역과 격리되어야 한다. 아래 표는 공해 발원지(공장)와 주거지 구역과의 격리 거리를 표시하는 내용이다.

〈공해 발원지(공장)로부터 유지해야 할 기준거리표〉

공장		A	B	C	D	주거밀도
단위:		m	m	m	m	약 명/ha
1	조선공장과 어업조합	350	600	900	400~900	170
2	귀금속공장	600	1000	900	500~1000	170

31) 될러의 보고서, 143 쪽, 저자 소장.

3	용선공장	800	800	500	800	170
4	제 17공장				1000	170
5	제약공장	250	250	900		170
6	화학공장	2000	1100	450	700~1000	170
7	도예공장				1100	170
8	비료공장	1500	1000	1000	500~700	170
9	철도		200	120	120~200	170

A: 공장과의 보통 기준거리
B: 공장과의 필요한 거리(고려사항: 연기, 검댕, 먼지)
C: 공장과의 계획거리(고려사항: 진동, 소음)
D: 공장과의 주거지 거리

이 표는 특수 보호구역이 흥남비료공장과 본궁화학공장에 유의해야 된다는 것을 보여준다, 예를 들어 40~80미터 넓이의 녹지가 있는 경우. 또한 화학 공장과 주거 지역 사이의 혼잡을 피하기 위해 100미터 폭의 배수거(排水渠)가 개발된다. 연기와 그을음으로부터 보호하기 위해 강한 관목과 나무가 심어진다. 이 지역에서 녹화 비율을 높이려면 개발 비율이 20퍼센트를 넘지 않아야 한다. 공장 내부의 열린 공간에는 먼지 바인딩 잔디가 제공된다. 풍배도(風配圖, 독일어로Quotienten Windrose, 지수풍배, 指數風配)가 상승하고 다른 현상에 따라, 가을 서풍은 연기와 산업매연을 용흥리와 유정리의 거주 지역으로 불어준다. 계획된 방호 조치는 우선적으로 이러한 바람의 영향을 제거하는 역할을 한다.[32)]

교통 계획

이 계획은 함흥 · 흥남지역 간에 완전 자동보안기술을 갖춘 2트랙 전

32) 될러의 설명서, 143과 144쪽, 저자 소장.

철교통 시스템을 새로 부설하는 것이다. 감정서에 따르면 이 철도노선은 함흥철도역과 연결되어 있기 때문에 장거리 여행은 함흥역을 이용하면 된다. 유정리—흥남—본궁 간의 철도선은 기존 함경선의 일부이다. 이 구간 철도를 2트랙 전철로 개선하는 계획이다. 비료공장 서부에 있는 구룡리에는 별도의 협궤 철로가 기존해 있어서 도자기 및 제약공장을 구룡리 지역 쪽으로 이전하는 계획이다. 추가 철도선에 대한 정보는 될러 부록 159~162 페이지에 설명되어 있다. 본궁 철도역의 트랙 레이아웃과 위생 도자기공장을 위한 철도 트랙스(Tracks)에 관한 연구를 준비하는 이 계획 작성은 동독 건설부의 의뢰로 베를린의 산업건축 설계사무소가 책임을 지고 1957년 7월 11일에 완성한 것이다.[33)]

트래픽

함흥 · 함남 지역의 교통량 통계를 입수할 수 없어 북한 당국의 개략적 견해에 의해 계획했다.

a) 운송 수단 선택: 근로자들은 그들의 주거 지역이 산업 공장과 매우 가까운 곳에 있기를 원한다. 노동자의 대다수는 대중교통 대신 보행이나 자전거 통근을 선호한다. 그래서 그들은 공장 바로 옆에 집수구역(集水區域)을 회사 측이 배려해 주기를 원한다. 물론 산업교통량의 일부가 되겠지만 처음에는 함흥 · 흥남 셔틀 서비스가 2트랙 철도선에 완성되면 이들 셔틀 이용자들은 이 고속 철도교통으로 옮기게 될 것이다. 50,000에서 150,000 명 사이의 도시 거주자들은 예외적인 경우에만 대중교통 옴니버

33) 될러의 보고서, 158쪽, 저자 소장.

스와 O버스(트롤리 버스=무궤도 전차) 및 트램의 가장 경제적인 수단인 DBA(구동독 건설 아카데미)의 건축가용 설명서에 따라 권장된다.[34)]

b) 버스 및 버스 노선: 함흥 · 흥남 지역의 도심 교통은 옴니버스 또는 트롤리 버스 노선을 통해 해결할 수 있다. 모든 지구(地區)를 위한 O버스 노선의 최적화 된 지역을 확보하기 위해 가능한 한 소수의 선을 채택해야 한다. 개별 경로에서 운송 수단의 조밀한 이동 순서가 더 경제적이다.

c) 도시의 도로망과 간선 도로: 도로 네트워크는 주로 도시의 지형 조건에 대한 적응을 보여주었다. 총계획(General Plan)은 차후 처리를 위한 도로로 간주되기에 거의 예외가 아닌 것으로 나타났다. 주거 단지(소구역)를 분단하지 않으며, 역시 일부 폐쇄된 주거 지역도 분단하지 않는다. 평양에서 흥남을 거쳐 청진까지 가는 장거리 교통로의 중요성은 앞으로 상당히 커질 것이다. 따라서 본질적으로 노선제도(route mapping)는 유럽에 잘 알려진 고속도로망에 가까운 노선이 선택되었다.[35)]

d) 도시의 문화 공원과 녹색 지역: 약 150,000명의 주민이 살고 있는 도 소재지 함흥에는 35,000명을 수용하는 중앙 스타디움이 계획되었다. 이어 흥남시에는 시민 35,000~40,000 명이 3군데에 분산되어 있는 공원 내에 스포츠센터 시설이 계획되었다. 이 세 군데 주요 스포츠시설을 각 주거 지역의 10년제 학교와 공용하기 위해 축구경기장 또는 기타 게임을 할 수 있는 시설이 제공되었다. 이 목적을 위해 추가 스포츠시설 주

34) 퇼러의 보고서, 162-166쪽, 저자 소장.

35) 퇼러의 보고서, 168쪽, 저자 소장.

변에 녹지가 생성될 수 있게 했다.[36]

흥남의 기획을 위한 미래의 도시 건설 단계와 이에 관련된 결론은 될러(Doehler) 보고서의 부록(Appendix)으로 첨부되었다. 1956년 총계획도는 위에 언급한 바와 같이 초기에 25년 계획을 수립한 후에 흥남시의 차후 발전상태에 따라 수정됨을 보여준다.

될러(Doehler)의 8장으로 된 흥남계획보고서는 약 300페이지로 구성되어 있는데, 그가 취급한 보고서 범위는 필자의 본 논문이 취급범위를 훨씬 능가한다. 될러의 계획문서는 앞으로 개별적으로 더 검토될 것이다. 또 될러가 그의 보고서를 작성했던 당시의 기존 통계를 가지고 60년 후의 시점(필자가 본 논문을 쓰는 시점)의 인구 및 면적 요구사항 개요를 얼마나 근접하게 예측했는지를 현실과 비교하는 문제도 장차 더 검토되어야 할 것이다. 간략한 계획보고서 5장 "흥남시의 개요 및 구성 구조"은 15년 내지 20년 이내에 공장을 연결하기 위해 편리한 철도 선로가 준비되어 산업 및 항구도시와 함흥과 유기적인 연결이 가능하다는 결론을 제시한다. 흥남의 인구증가 예측에 따라 될러(Doehler)는 4개 지구에 필요한 주택 및 건물용지를 확인했다. 그는 210쪽에 있는 문서집(Konvolut-설명서)에서 "첫 번째 기본 상항"을 볼 수 있다. 무엇보다, 흥남 총계획도(General Plan)의 설명 보고서에 대한 이러한 언급은 가공과 가공의 첫 번째 기초를 제공하기 위한 것이다. 도시의 첫 5개년 계획에 대한 건설계획의 완성과 사업계획에 대한 제안을 해야 한다"라고 말했다.

이상 될러의 흥남공장 사택에 관한 설명서에 추서하여 아래에 르 코부져(Le Corbusiers)의 아이디어도 소개하고 한다.

---

36) 될러의 보고서, 202-210쪽, 저자 소장.

콘크리트 타워블록 발명자인 르 코부져(Le Corbusiers)가 말하기를 "비록 기준지수(Module)로 설계한 건물들은 다만 사람이 살 보람이 있는 조립식 주거건물이 될 뿐만 아니라 그 건물 안에는 주거 아파트 외에 주차장, 쇼핑센터, 그리고 레크리에이션 시설이 혼합되어 있는 작은 독립적 도시가 되는 것이다" 이런 것을 그는 "주거(住居)기계"라고 칭했다. 위에서 언급한 "주거기계"는 르 코부져(Le Corbusiers)의 생활 아이디어가 아니고 학대를 받는 노동자가 그의 노동력을 임시로 변통 복원하는 긴급 대피소을 뜻한다.

나는 르 코부져의 고전적인 생활 아이디어의 호칭(거주기계)과 홍남 비료공장 사택, 특히 한국인용 사택을 거주기계(居住機械)라는 동일한 호칭이지만 그 내용은 완전히 다른 뜻임을 강조 하고 싶다

제5장

계획된 도시의 미래 전망

Seoul / Jamsil / Reconstruction
DAG / Dong-Sam Sin

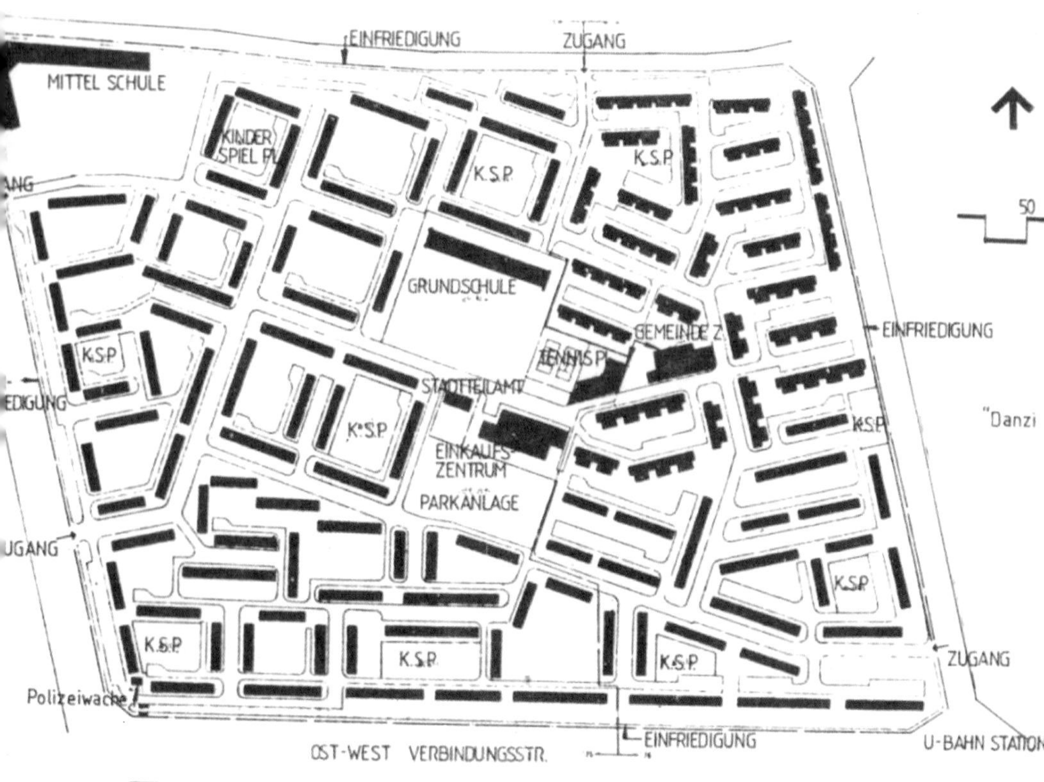

1. 서울 잠실 설계의 사례

〈한국의 도시 인구 증가〉

년도	1955	1960	1970	1980
도시인구수(명)	7백만	9백33만	1천5백80만	2천6백80만
총인구에 대한 비율			50.2%	71.6%

이 표에서 볼 수 있듯이 1970년도 도시인구는 전체인구의 절반이상을 차지하여 한국의 도시개발에 박차를 가했다. 이 기간 동안 철강 및 화학 산업은 새로운 산업도시를 창출하였다.

1972년에서 1991년까지 1차 및 2차 총토지 이용계획 이후, 다양한 새로운 도시정착지가 계획되었고 남쪽 전역에 시행되었다. 그래서 수도 서울 주변에 12개의 신도시가 세워졌다. 2000년까지, 이것은 이전의 관행을 기반으로 한 새로운 도시개발의 "계획도시"라는 슬로건 아래 실현되었다.

아래는 서울 주변에 새로 생긴 12개 위성도시의 그림이다.

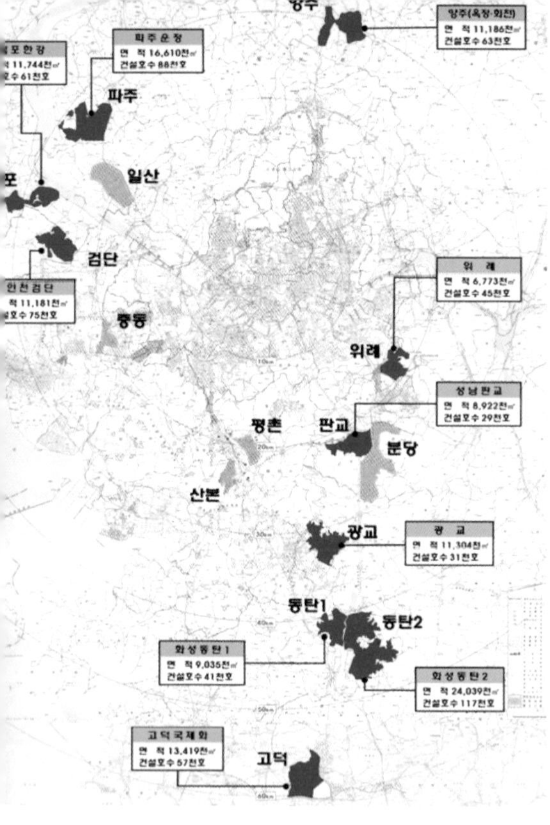

〈그림 68〉 서울 인접의 새로운 '위성 도시'들 (한국교통부:http://www. molit. go. kr/USR/policyData/m_34681/dtl. jsp?id=522. 뉴타운 개념 및 건설상태. 인터넷 액세스 2015. 12. 06)

한국의 네이버후드 유닛 플랜(Neighborhood Unit Plan)식에 따른 첫 번째 도시계획은 서울 잠실이며, 다음과 같이 설명된다.[1] 1960년대와 1970년대에 서울시는 10만 주민들을 위한 확장구역으로 한강을 가로지르는 서울의 남쪽 690헥타르의 강남지역을 지정했다. 10만 명 주민을 위한 잠실은 서울시의 토지이용 및 개발계획에 따라서 1974년 첫 번째 구역의 시공이 시작되었다.

1) 논문의 출처: A Comprehensive Plan of Jamsil District in 1974: its implications and characteristics for future urban planning, keywords: Jamsil district, A comprehensive plan, Land readjustment project, urban planning in Seoul von Kim, Jin-Hee Kim, Ki-Ho, 견적과 페이지 세부사항을 인수함. 김박사 논문의 두 저자는 대학교수임.

〈그림 69〉 잠실 위치도(출처: Plan of Jamsil District 1974년, 45쪽)

〈그림 70〉 잠실, 제1건설 단계(출처: Plan of Jamsil District 1974년, 42쪽)

〈그림 71〉 잠실 정사각형식 제1 계획지역(출처: 1970년, Plan of Jamsil District 1974. 46쪽)

서울특별시 잠실지역 계획개발 단계

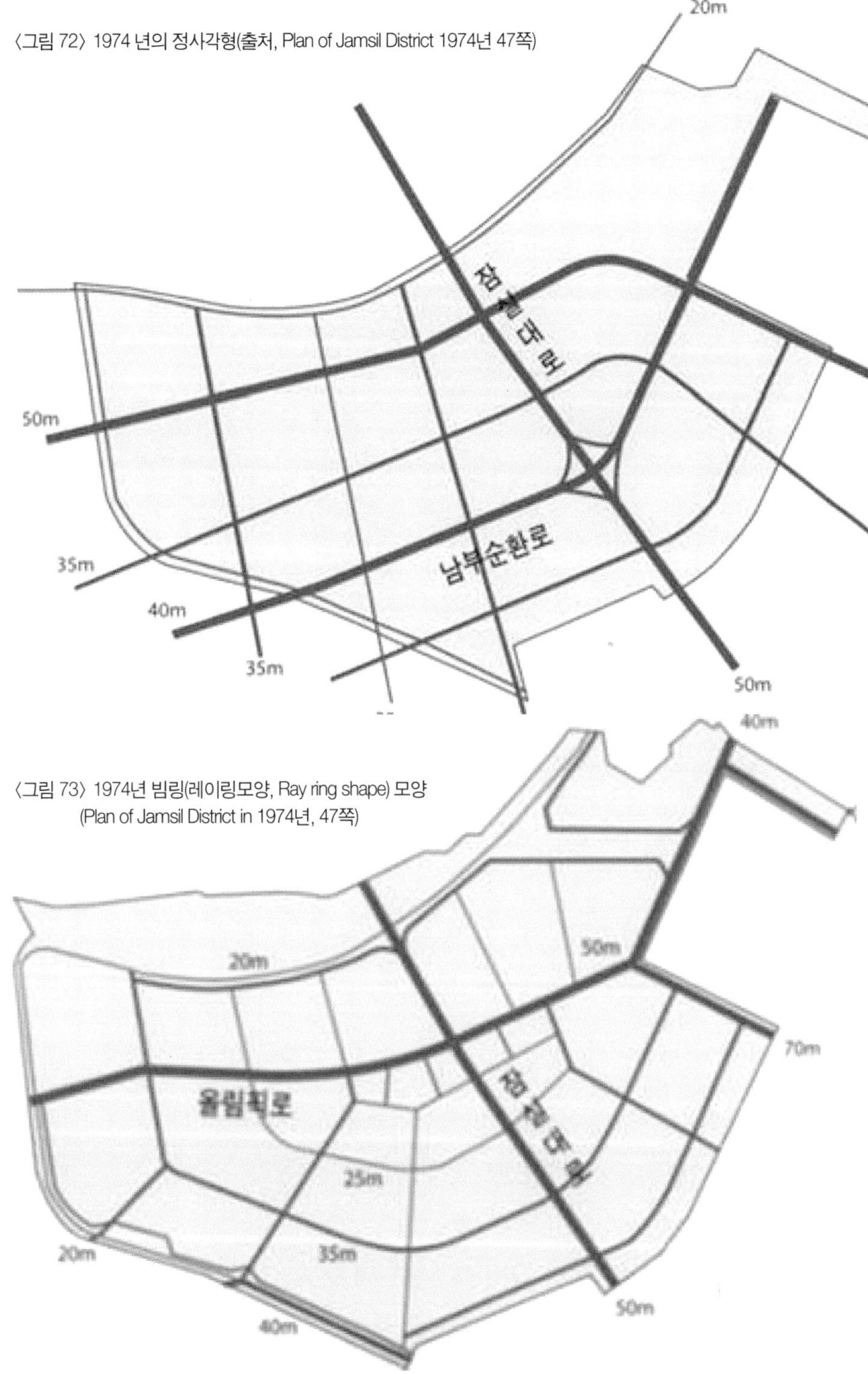

〈그림 72〉 1974 년의 정사각형(출처, Plan of Jamsil District 1974년 47쪽)

〈그림 73〉 1974년 빔링(레이링모양, Ray ring shape) 모양
(Plan of Jamsil District in 1974년, 47쪽)

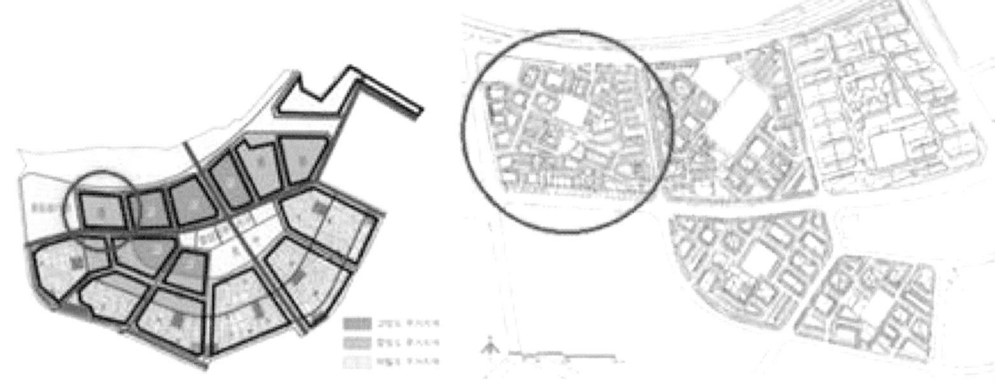

Luftaufnahme von Jamsil- heute

〈그림 74〉 아파트 블록
(왼쪽: 아파트 블록, 출처, In Plan of Jamsil District,1974년, 53쪽; 위 오른쪽: 아파트블록 1- 5. 출처, In Plan of Jamsil District 1974년 55쪽). 빨간색 원(圓)은 제1차 건설단계 잠실을 표시한다.

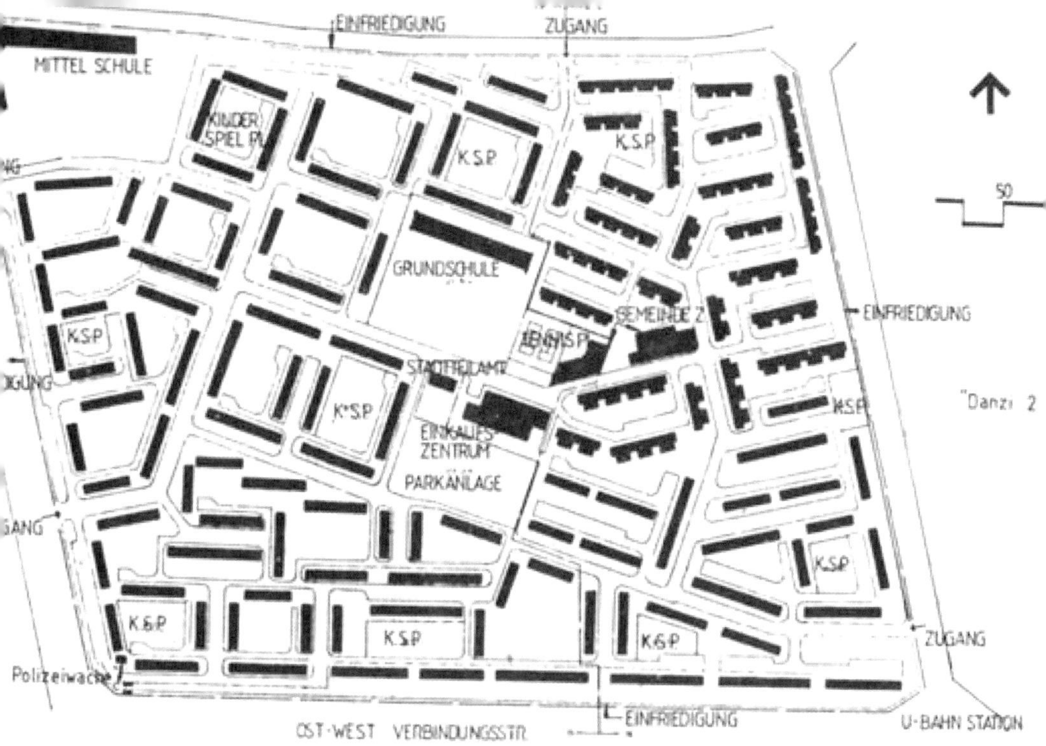

Abb.54 Siedlung"Danzi 1" (Superblock)
Quelle; KHC.12.1970.S. 37

〈그림 75〉 잠실 첫 블록 개발계획. 건설 첫단계, 1974. 당시 주차장은 없음.

이것은 한국의 자본주의적 네이버후드 유닛(Neighborhood Unit) 원칙에 입각한 최초의 도시계획이다. 그것은 구 독일 재건단에 의해 10년 전에 스탈린주의적으로 이미 북한에서 계획되고 건설된 단지에 대한 아이디어에 부합했다.

이 계획에는 다음 요소가 포함되었다:

1. 주거면적 65m²/130m² 인 6.390개 주거단위와 66m²~132m²인 주택
2. 이웃은 거주자 공동체와 공공시설의 이웃 공존에 필요한 모든 것을

포함 하는 지구라고 불리며, 초등학교, 쇼핑센터, 커뮤니티센터, 어린이 놀이터 및 중학교 등 필요한 인프라 시설을 제공한다.

3. 센터에는 초등학교와 쇼핑센터가 있다.
4. 주요 진입로는 블록의 남쪽으로 이어져 있으며 지하철과 연결되어 있다.
5. 첫 번째 블록이 너무 커서 블록에 대한 접근이 최적으로 배치되지 않았다는 사실은 나중에 계획을 세울 때 고려되었다.

2. 통일 후의 남북 공동경제체계와 한 · 독 도시계획 경험의 통합 가능성에 대하여

〈한국의 도시개발 개요 신도시 양식의 연장 구역이 있는 거실 공간의 자급자족〉

연도		내용
1960	……	Neighborhood-Unit
1970	……	블록킹 거주 단위
1980	……	단계 이론 도보를 위한 직선형
1990	……	도시 내 구 중앙과의 연계성
2000	……	주거 지역의 넷트워킹 TOD식 계획

시공된 한국의 "근린주거지역" 계획사례:

1979년부터: 근린주거지역 중심으로서의 초등학교, 근린주거지역의 크기/반경: 400m,

주거단위: 1,000~3,000 명

1981년부터: 새로운 도시계획을 위한 2,500 개의 주거시설

2000년부터: 새로운 도시계획을 위한 2,000~3,000개의 주거시설

288 Living 7쪽–북한의 성장센터 전망–예[2)]

함흥의 계획 역사에 대한 경험의 사용 또는 발전에 대한 관찰은 현대 한국의 도시개발에 대한 짧은 기록이 선행되어야 한다.[3)] 따라서 그들은 오늘날 존재하는 한국의 경제기반을 형성하는 장기간의 위치 패턴을 형성했다. 종국적으로 함흥과 흥남의 산업단지도 이 패턴을 따랐다.

1) 일본의 식민지 시대

1876년 일본과의 조약을 맺은 후 부산 항구는 일본과 원산을 동해에서 편리하게 연결하고 일본 경제 정책에 의해 한국과 일본 간 교역 산업의 자본축적을 위해 개방되었다. 원산항은 한국에서 "대일본제국"으로의 선적항 특히 한국산 반제품과 천연자원 수송을 위해 예정되었다. 1910년 한국의 10개 항구가 유럽과의 무역관계를 위해 개방되었다. 이것은 항구도시의 근대화를 위한 토대를 마련했다.

일제 식민지 통치자들은 한반도의 남쪽에는 농업이 주 산업임을 고려해 경공업을 성장시키고, 북쪽에는 광물과 수(水)자원이 풍부함으로 철강 및 화학 산업을 성장시키는 경제구조를 고려하여 전국의 철도망도 그렇게 확장했다. 이를 위해 총독부는 행정구역도 바꾸었다. 이렇게 일제

2) 출처Development issues of the growth centers in North Korea for preparing Koreanunification–foodsZone planningConcept by Housing and Urban Research.5쪽 December 2006.

3) 논문 출처"Kim, Myong–Sobs. Korea land and housing corporation" in: http://www. land. go. kr/html/bookcontents/content1_10. html인터넷 액세스: 2015. 12. 6.

가 만든 한반도의 산업구조가 오늘날에도 현재 분단된 두 남북 국가의 경제 기반을 형성하는데 장기적인 경제 패턴을 남기게 했다.

종극적으로, 함흥과 흥남의 산업 단지도 이 패턴을 따랐다.

〈그림 76〉 한국의 중요한 항구 도시들

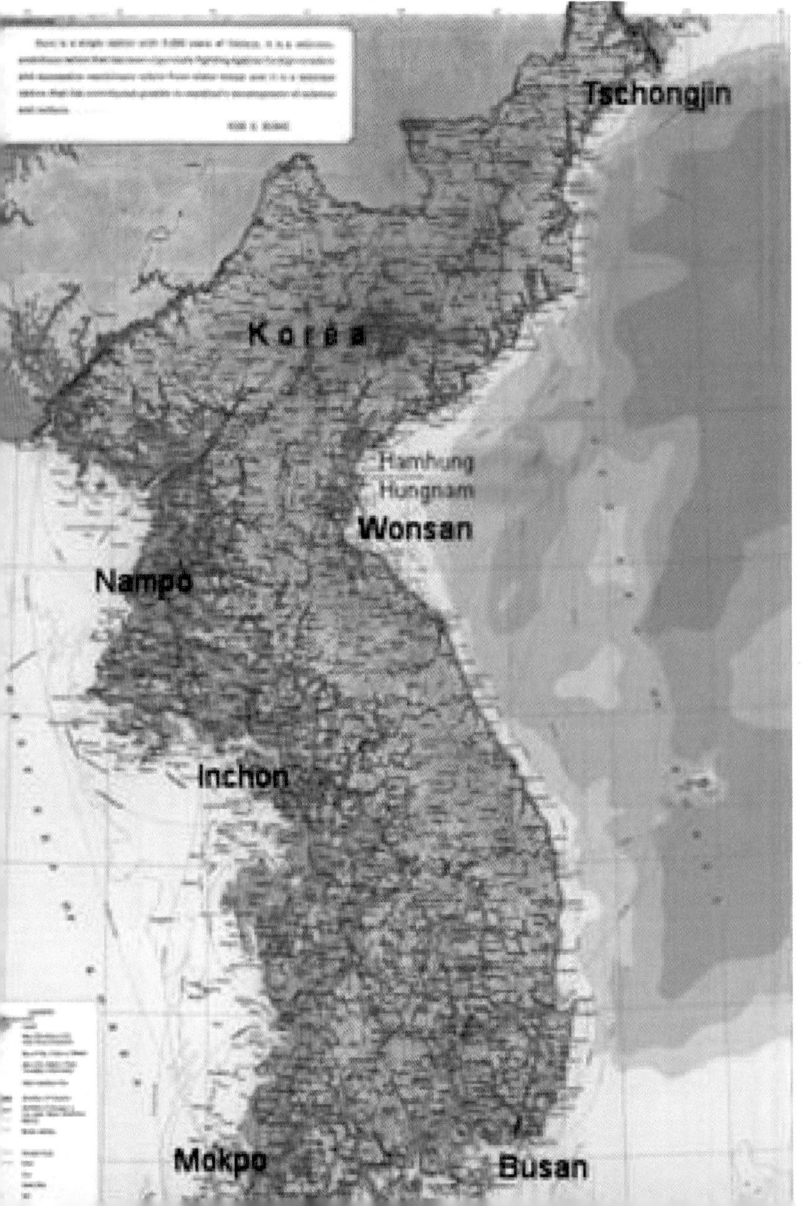

2) 1945년후 네이버후드 유닛(Neighborhood-Unit) 기법으로 계획 · 시공된 한국의 신도시

일제강점기에는 한국 부유층의 아이들만이 대학에 입학할 수 있었다. 1945년 이후 북한에서는 이렇게 교육을 받은 많은 사람들이 자신의 나라를 떠났다. 이 때문에 한국인들은 새로운 지식층을 구축하기 위해 식민지 세력으로부터 해방된 후 얼마간의 시간이 필요했다. 그것은 또한 도시계획에도 영향을 미쳤다. 따라서 한국의 양 부분은 도시 지식의 "수입"에 의존했다. 적어도 1960년대 초까지는 사회주의 국가의 전문가들이 북부에 참여했다. 반면에 남쪽에서는 서구 국가로부터 지식을 얻었다. 주로 미국에서 도입했으며 북쪽보다 뒤늦게 체계적인 도시계획을 채택했다. 1960년경까지 한국 도시들은 다소 우연적으로 발달되고 고립적이었다. 그 후 산업화와 경제발전의 과정에서 보다 현대적인 "신도시"를 건설하려는 시도가 있었다. 처음에는 혼잡한 도시교통의 사정을 해소하기 위해 지역계획 및 위성도시에 관한 것을 연구했다. 농업국에서 산업국으로 전환하기 위해 1960년대 한국 정부는 주로 양적 성장을 목표로 하는 산업을 추진했다. 이에 따른 도시인구의 급증을 해소하기 위해 재래의 도시구조를 이론적 도시계획방법으로 개발하기 시작했다. 그래도 도시인구는 계속 증가했다.(잠실 설계에서의 서울에 인접한 새로운 "위성도시"의 예를 참조할 것.)[4)]

한국의 네이버후드 유닛 플랜(Neighborhood Unit Plan)에 따른 첫 번째 도시계획은 서울 잠실에서 시작됐다. 그 과정은 다음과 같이 설명

4) 출처: 한국교통부: http://www. molit. go. kr/USR/policyData/m_34681/dtl. jsp?id=522. 뉴타운 개념 및 건설상태. 인터넷 엑세스 2015. 12. 06

된다.[5)]

〈그림 77〉 북한의 동부 인프라 노선(개발협력의 기본 이슈 - 나진, 청진과 원산)

5) 다음 논문의 출처: A Comprehensive Plan of Jamsil District in 1974: its implications and characteristics for future urban planning, keywords: Jamsil district, A comprehensive plan, Land readjustment project, urban planning in Seoul von Kim, Jin-Hee Kim, Ki-Ho,견적과 페이지 세부사항을 인수함. 김박사 논문의 두 저자는 대학교수임.

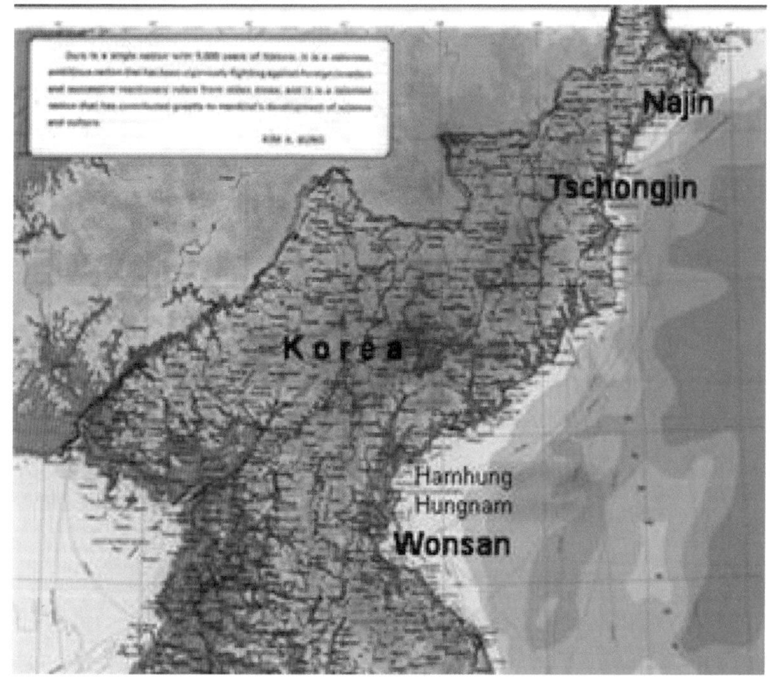

〈그림 78〉 북한의 3개의 성장센터: 나진 (Rason), 청진, 원산.

〈그림 79〉 중국과 러시아를 지나서 유럽과의 네트워킹
Development issues of the growth centers in North Korea for preparing Korean unification.

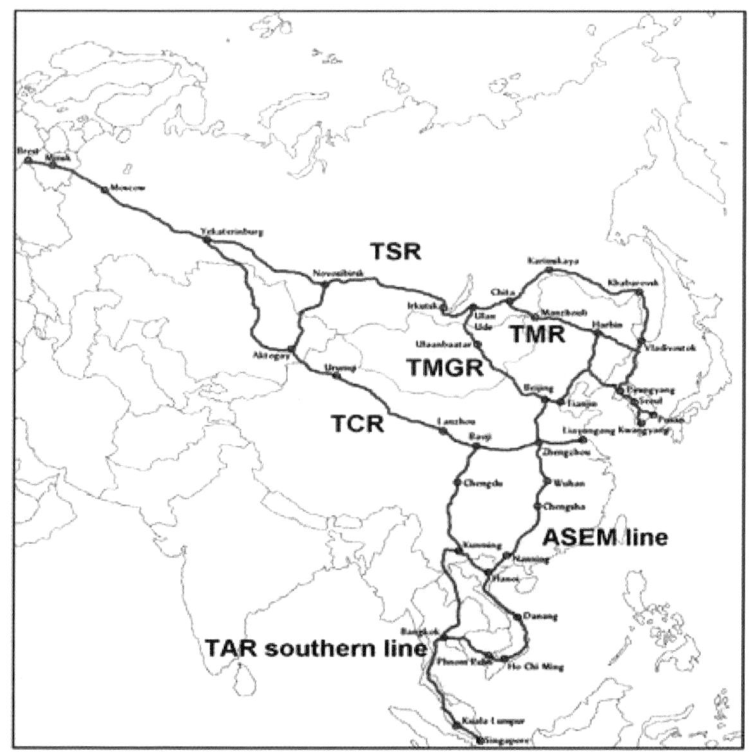

〈그림 80〉 러시아에서의 가스 공급망(Development issues of the growth centers in North Korea for preparing Korean unification.135쪽).

중국과 러시아에서 서유럽에 이르는 한국의 목표 네트워킹 기회는 원산, 청진, 나진(나선 특별경제지대)의 3개 성장 센터를 개발하는 것이 중요할 것이다.

한국의 수도 서울과 북한의 수도 평양이 계속해서 한반도의 주도적 역할을 수행한다면, 동해안에 있는 북한의 특별 경제구역으로서의 원산, 청진, 나진 · 나선은 한국의 부산과 포항의 항구도시들은 경제적 미래를 위한 공간적 고정적 장치가 될 것이다. 나아가 통일 한국의 발전에 기여하게 될 것이다. 한반도가 철도 및 가스 네트워크에 가입하고 북극노선이 개방되면 현재의 나선(Rason) 특별 경제지대 나진(Najin)이 한반도의 주요 물류허브가 될 것이다. 일본 제국의 관문이었던 원산항은 동쪽 도시 링(city ring)과 설악산 사이의 관광허브가 될 잠재력이 있다. 따라서 나선, 청진, 원산은 미래 한국[6]의 발전에 중요한 역할을 할 수 있다.

나진

파란색의 확장영역은 5개 영역으로 나누어졌으며 총면적은 17,539 ㎢이다.

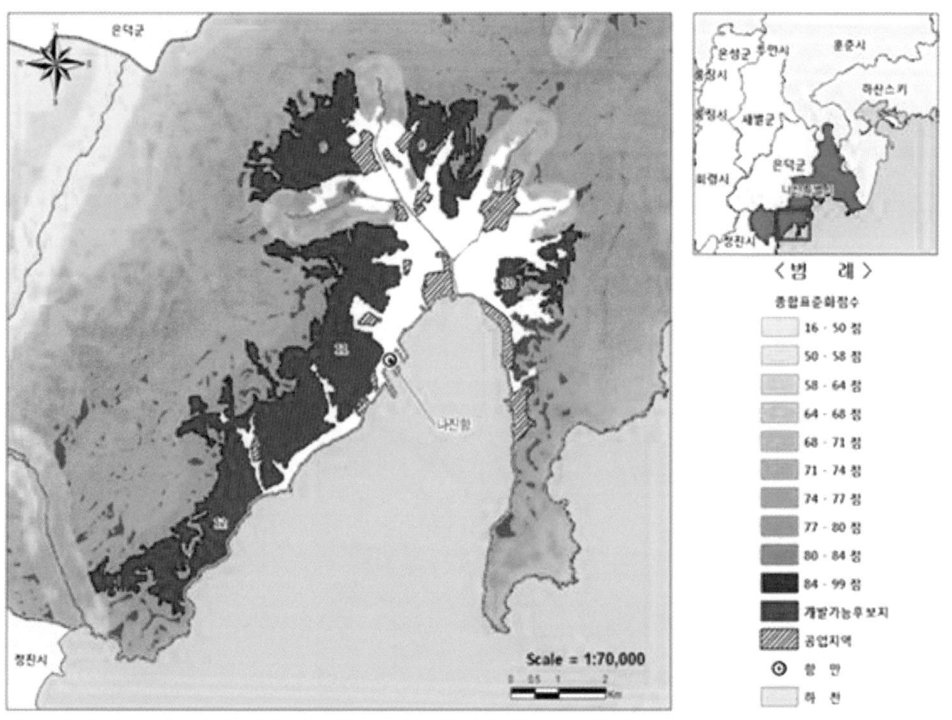

〈그림 81〉 나진시 확장구역(Development issues of the growth centers in North Korea for preparing Korean Unification, 165쪽).

6) 출처 Development issues of the growth centers in North Korea for preparing Korean Unification, 248쪽

청진

〈그림 82〉 청진: 왼쪽은 현황, 오른 쪽은 확장영역임

원산

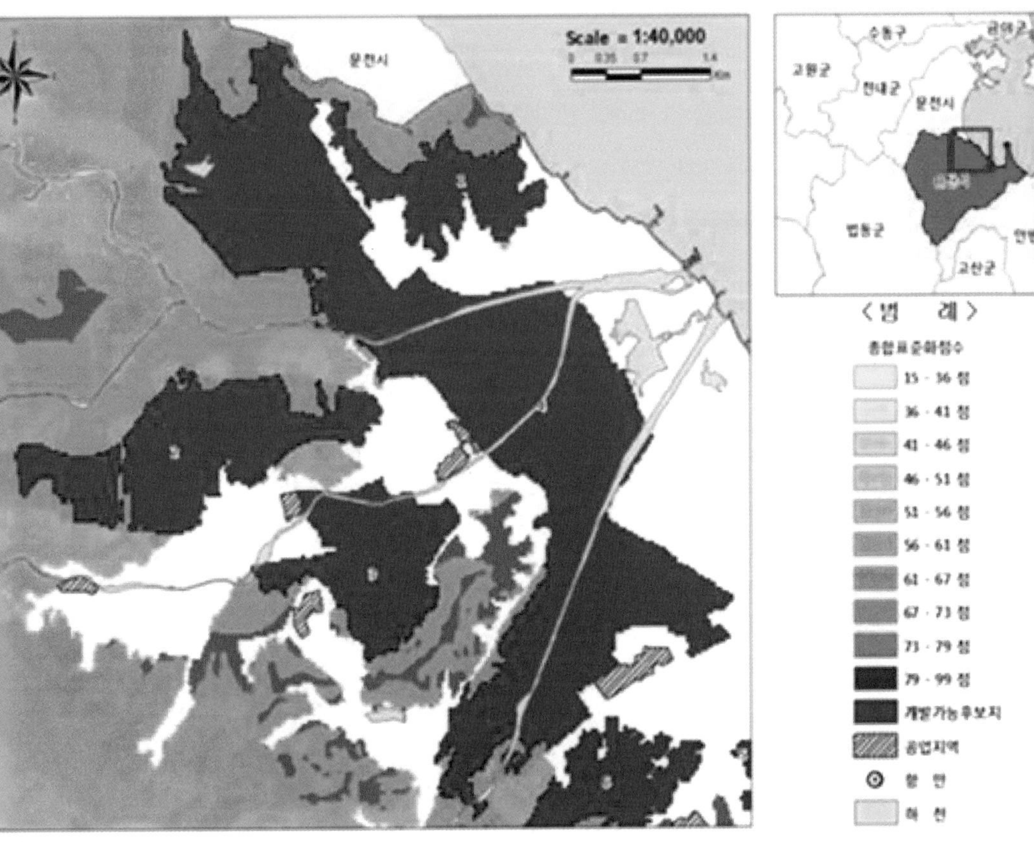

〈그림 83〉 원산: 청색은 확대지역

〈그림 83〉 원산시의 확장지역 및 주변 환경 – 파란색.[7] 이상 세 도시의 발전 잠재력은 상당하다. 미래의 물류 및 관광산업을 위한 수출산업, 특히 경공업의 확장은 비용이 효율적이며 이 도시들에 큰 중요성을 부여할 수 있을 것이다. 북한 통일 준비센터의 발전이슈(II), 한국 정책연구소

7) Development issues of the growth centers in North Korea for preparing Korean unification. 175쪽 .

는 이를 아래와 같이 1945년 제2차 세계대전 종결과 우리 한반도가 일제부터 해방된 후 서구의 도시화 사례를 통해 한국 도시설계 일꾼들은 새로운 도시들을 스스로 계획하고 건설했다. 이제는 위에서 제안한 '한국전문가 포럼' 창립을 가속화할 뿐만 아니라 통일 후 도시화를 조망할 수 있도록 독일 전문가의 세계 도시계획의 경험을 끊임없이 교류할 때가 되었다. 동시에 구동독 도시건설 계획팀의 경험을 통합해야 하며, 이를 위해 현재 작업을 수행하는 것이 바람직하다. 60년이 지난 지금이라도 옛 함흥계획에 대한 평가를 시도해야 할 것이다.

그리하여 필자는 반세기 전에 조 · 독 합작(朝 · 獨 合作)으로 계획 · 시공된 함흥시 도시계획의 "지속 가능성 연구보고서"의 작성을 위해 함흥 방문 건으로 현재 북한의 관계기관들과 접촉 중이다.

또 2015년에 발간된 "건축도시 공간연구소의 연구보고서(엄운진, 여혜진과 임현성의 공저)" 한반도 통일시대 기반구축을 위한 건축분야 기초연구에 남북한 건축 도시계획 일꾼들이 함께 해야 할 구체적인 연구를 기쁘게 읽을 수 있었다.

잠실 구역 설계자인 김교수께 "왜 주차장이 없는가"라고 질문하니, "1970년 중반에는 자동차가 그리 많지 않았습니다."라는 대답이었다. 잠실설계 20년 전의 함흥시 도시설계에서 승용차 교통해결문제가 제기되지 않았으니 이해할 수 있는 것이다. 1951년부터 매일 폭격당한 북한 주민들은 1955년 함흥재건설 당시에 의식주 문제해결이 가장 중요한 이슈였으며 함흥도시계획에 장래 성장될 교통 문제, 주차장 시설 등에 대해 신경 쓸 상황이 아니었다!

3. 약 70년 후의 함흥: 지속 가능성에 대한 문제

함흥(Hamhung)의 계획인 목표를 달성했는지와 거주자가 공간적으로 얼마나 성공적으로 사용했는지에 대한 계획 평가가 이상적으로 결정되어야 한다.

시공된 도시에 대한 중요한 평가사항은 다음과 같다:

- 토지 이용: 공간 사용을 생활 스카이라인, 지붕, 지하실
- 교통보도, 순환경로, 교통, 주차장
- 인프라 시설: 상점, 관리 건물 유치원, 양로원 등
- 야외 공간 계획: 어린이 놀이터, 녹화 스포츠 분야, 휴게소
- 녹화 및 실외 공간 계획: 중앙 광장, 회의실, 녹화,
- 공급 시설: 물 공급, 가스 파이프 라인
- 기타: 재활용 구역, 자전거 창고 환경, 조각, 정원

함흥의 도시계획에 대한 지속 가능성에 대한 연구보고서 작성을 위해 나는 함흥 탐사여행을 시도했다. 나는 독일재건단의 도시건설 제3팀장의 아들 튀빙겐에 사는 라이너 레셀(Rainer Ressel)을 데려가고 싶었고, 북한에 대한 입국비자 승인에 관한 추천서를 베를린주재 북한대사관에 신청했다. 우선 나의 박사학위 지도교수인 아이징거(Eisinger)교수와 에르크너(Erkner)의 라이프니츠 지역 개발 및 구조 계획 연구소의 크리스토프 베른하르트(Christoph Bernhardt)께 북한 대사에게 보내는 추천서를 부탁했다.

그러나 이런 시도는 헛수고였다. 다음은 드레스덴의 디르크 힐베르트(Dirk Hilbert) 치과 박사인 제1시장께 추천서를 다시 부탁했다. 베를린

에 있는 연방건축 회의소의 틸만 프린츠(Tillmann Prinz) 소장에게도 부탁했다. 북한대사관 영사는 2014년 10월 10일 베를린을 방문하라는 통지를 명령조로 보내왔다. 그는 베를린 주재 북한대사관에서 필자에게 "독일 건축가가 우리 수도인 평양을 비난했던 것처럼, 당신들은 또 함흥에서 우리 재건사업을 비판하려고 하는 것이 아니오." 또 그는 "북한을 방문한 필립 모이저(Meuser) 독일 건축가에게 북한 건축 일꾼들이 평양시 도시계획 문서를 주면서 '아름다운 수도 평양'이 독일에서 잘 홍보되기를 희망했다."라는 말을 덧붙였다. 그러나 모이저의 저서 "평양 건축가이드(Architectural Guide Pyongyang)" 제2권에서, 북한의 수도를 다음과 같이 묘사했다. "수백 년 동안 해외에 거의 알려지지 않은 건축, 언어를 공식화한 북한 건축은 완전히 이데올로기화 되었다. 그러나 평양 위정자들은 세계화를 거부하고 있다. 평양은 아마도 사회주의 건축양식으로 가장 잘 보존될 야외박물관(Open Air Museum)일 것입니다. [. . .] 북한의 독재자 김정일의 건축이론에서 공식화된 건축의 맥락에서의 권력 효과의 원리 인정은 그의 독서를 가치 있게 만든다. 위태로운 것이 진실화되고, 선하고 아름다울 뿐 아니라, 권력의 이익이며 결과적으로 건축의 의식 형성 효과를 본질적으로 만들어주는 권력 자랑이다."

아마도 평양과 함흥의 도시계획의 차이에 대해 전문적인 지식이 전혀 없는 북한 영사의 호언장담에 "매력"을 느낄 수 없었다. 평양시 계획은 독재자 김정일 국방위원장의 감독하에 있었고 함흥계획은 북한일꾼들과 협력한 구동독 도시건설 재건단의 산물이었다. 김정일은 함흥 프로젝트에서 자신의 젊은 나이였으므로 간섭할 수 없었다. 또한 북한 지도부의 정치적 지향이 제한적이어서 한국전쟁 이후의 모든 업적을 자신의 공로와 함흥시 재건단(DAG)의 성과로 보았다는 점도 주목할 만하다. 독일 건설 재건단 도시계획의 도시 주축 중 하나인 빌헬름 피크(Wilhelm Pieck, 동독 대통령) 도로는 "정성의 거리"(정성로)라는 이름으로 바뀌었습니다. 모든 것을 포용하는 정치 성명서는 "우리 한국인은 우리의 취향[8]에 따라 모든 것을 합니다."라는 것이다. 북한 대사관 참사의 "충실한 설교"는 제3자의 비판을 허용하지 않았다.[9]

북한 대사관에 보낸 많은 추천서 중 하나를 골라 아이징거(Eisinger) 지도교수가 쓴 편지를 아래에 소개 한다.

"이 시홍 (R.S.H.) 대사 귀하

조선민주주의 인민공화국 대사

그린카 거리(Glinka Str.) 57

D 10117 베를린(Berlin) 취리시(Zürich),   2014년 7월 28일

2014년 10월 14일부터 17일까지 함흥(Hamhung) 여행을 하기 위한 비자 발급을 청원하는 추천서,

여행자: 신동삼과 라이너 레셀.

친애하는 대사님!

이 서한을 통해 나는 2014년 10월에 예정된 함흥 설계연구 방문과 관련하여 당신에게 추천서를 보내드리게 되어 영광입니다. 독일 몸멘하임의 신동삼 씨와 독일 튀빙겐의 라이너 레셀(Mommenheim) 씨의 Mr. Dong Sam Sin과 Tübingen의 Rainer Ressel)는 이번 여행에 참여하기를 원합니

8) 베를린 북한대사관로 참사의 발언, 2014. 10. 10일.

9) 슈틸러의 함흥일기장, 112쪽.

다. 신 씨는 함흥의 설계 기원에 관한 논문을 수년간 연구하고 있습니다. 그의 박사과정의 논문은 특별한 프로젝트입니다. 그것은 사회주의 도시의 어떤 도시계획 개념, 아이디어 및 이상이 북조선의 재건을 추구했는지 보여주는 데 중요한 공헌이 될 수 있습니다. 그렇게 함으로써 신 씨는 필요한 방법, 이론적 기술을 개발하려는 현저한 의지를 보여 주며, 따라서 도시계획가들과 지속적인 접촉을 통해 접근 할 수 있는 귀중한 주요 자원의 엄청난 가치를 평가할 수 있습니다. 당시의 북조선의 언어, 문화 및 정치 상황에 대한 지식 소유 덕분에, 그는 다른 도시와 마찬가지로 도시의 기원을 정당화 할 입장입니다.

이러한 이유로, 나는 함흥에서 일한 신(Sin) 씨와 레셀(Ressel) 씨가 북한 방문에 초대되어 이에 대한 관심을 표명하고 함흥시청에 협력해 주시기를 기대하며 귀하의 협조를 청원합니다.

진심으로 인사드리면서

안겔루스 아이징거(Angelus Eisinger) 교수

아래에 함흥 동독재건단(DAG)의 함흥계획도(〈그림 84, 85〉)와 현재 인터넷에서 볼 수 있는 함흥 위성사진을 실어 그 차이를 비교하고자 한다.

〈그림 84〉
동독 재건단(DAG)의
함흥계획도 석장
(좌)는 위 그림 14,
(중)은 위 그림 15와
동일함

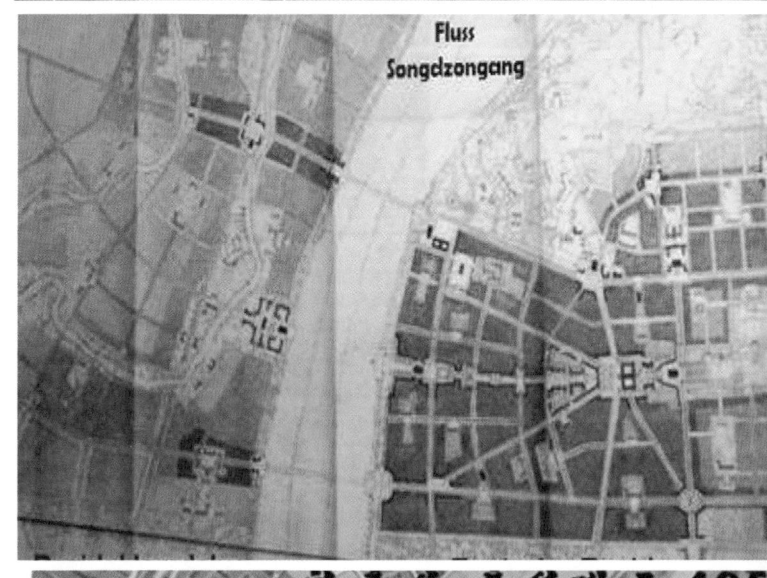

〈그림 85〉 현재 함흥 위성영상

우리가 함흥 현지에 갈 수 없기 때문에, 필자는 함흥의 위성 이미지를 사용하여 함흥 재건단(DAG)의 계획과 북한 일꾼들의 시공 사이의 차이를 걸러 내기 위해 노력했다.

위성 이미지를 보면, 구동독 도시재건단이 계획한 도시중앙 핵심 아이디어가 한국일꾼들에 의해 수행되지 않았다는 것을 쉽게 알 수 있다. 한국전쟁 이전에 고등학교의 물리학 교사였던 사람이 함흥도시계획 부장직을 수행했기 부족했기 때문에 동독재건단의 주택단지계획 내용을 이해할 수 있는 입장에 있지 못했다.

독일에서 휴가를 보냈던 독일 제5대 함흥시 도시계획팀장 카를 좀머러(Karl Sommerer)가 함흥에 돌아 왔을 때, 그는 그 동안 산업시설을 위해 계획된 거주지 면적 약 25헥타르가 사라졌음을 발견했다. "터무니없는 방법과 반 낡아 빠진 주거 지역"이라면서 좀머러(Sommerer)는 또 다음 같이 말했다. "내가 함흥에서 도시계획을 책임지고 담당하는 한, 나는 투쟁을 포기하지 않고 올바른 방향으로 내 사업을 조종할 것이다."[10)]

반면에, 그것은 고귀한 의도와 사회적 의식의 붕괴 여부와 방법에 대하여 추측할 수밖에 없으며, 가까운 이웃 관계를 발전시켜 사람들의 외로움을 중화하려는 고귀한 의도와 방법에 대해서만 추측 할 수 있다. 폐쇄된 타운으로 작은 도시의 분위기를 대도시로 옮겨서 생존을 위한 가중된 투쟁을 숨기고, 실제로 구현할 수 있다고, 그 당시 구동독 건설 아카데미가 주택 단지를 공식화하고 함흥도시계획에서 이 아이디어를 구현하려고 시도 한 것이다.

아래는 북한 일꾼들이 시공한 함흥의 핵심 지역의 조감도[11)]이다.

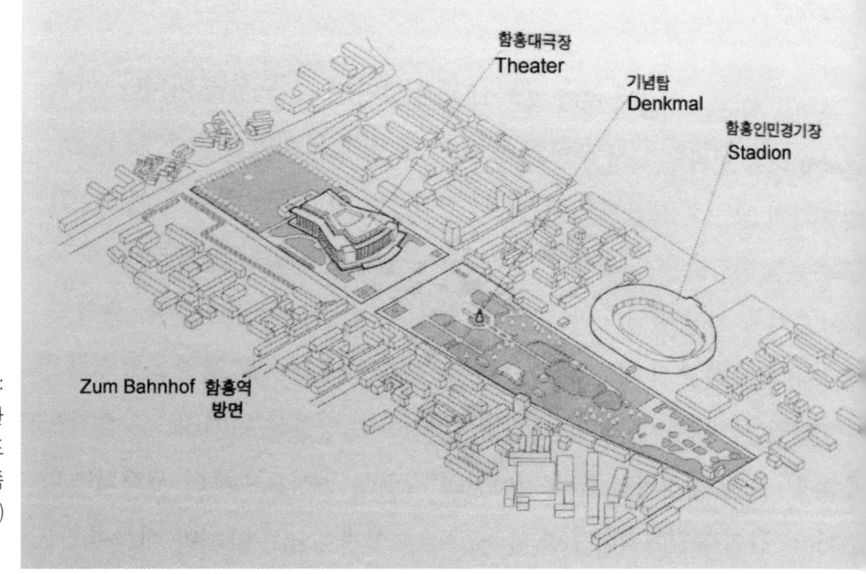

〈그림 86〉: 북한 인력들이 시공한 함흥 핵심지역 조감도 (참고문헌 255의 224쪽 그림)

10) 퓟쉘에게 보낸 좀머러의 편지(1960년 1월 9일).

11) 출판사 한울. 서울. P. 25. 핵심영역. 인공위성 심상에 의해 작성됨: 출처, 미국 보스톤 주재 PRAUD건축사무소. 함흥과 평성에서 –공간, 일상생활 정치의 도시역사. PRAUD건축연구소에서 제공한 이 2개 투시도를 함흥 현지 해당자료실에서 탐구가 필요함.

아래는 구동독 DAG 팀이 설계한 투시도이다. 성천강을 향한 3개 방사선 도로로 된 도심공간 아이디어를 북한 일꾼들이 현실화 하지 않았다. 그러니 도심공간이 중앙광장 오른 편, 동쪽으로 된 것이다.

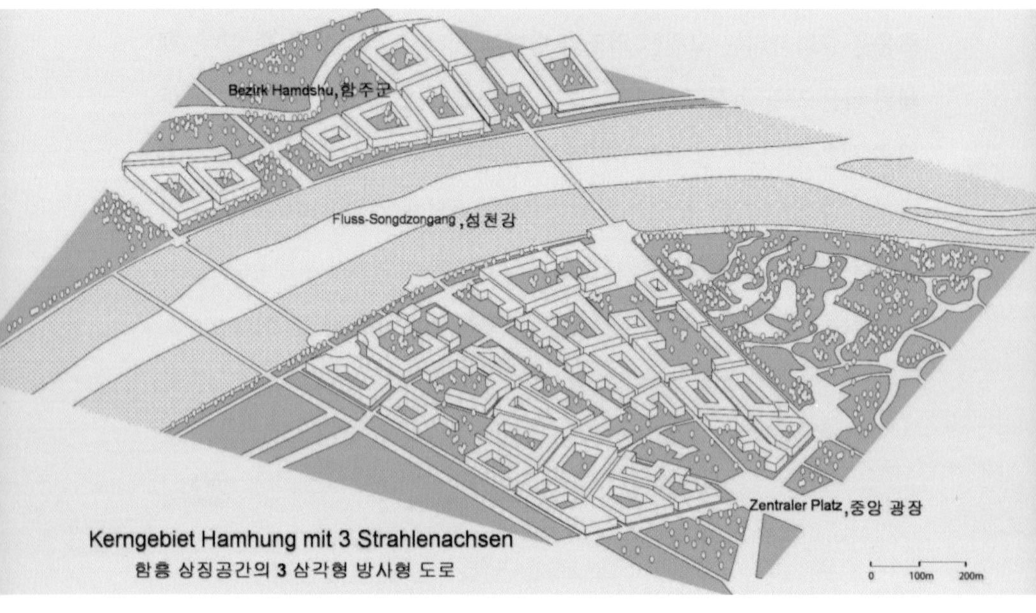

〈그림 87〉 DAG팀의 함흥 도심공간 조감도
3개 방사선 도로가 성천강을 지나서 함주 구(區)와 연결 된다(보스톤 PRAUD 설계연구소)

제6장

도시설계 수출
베트남의 사례

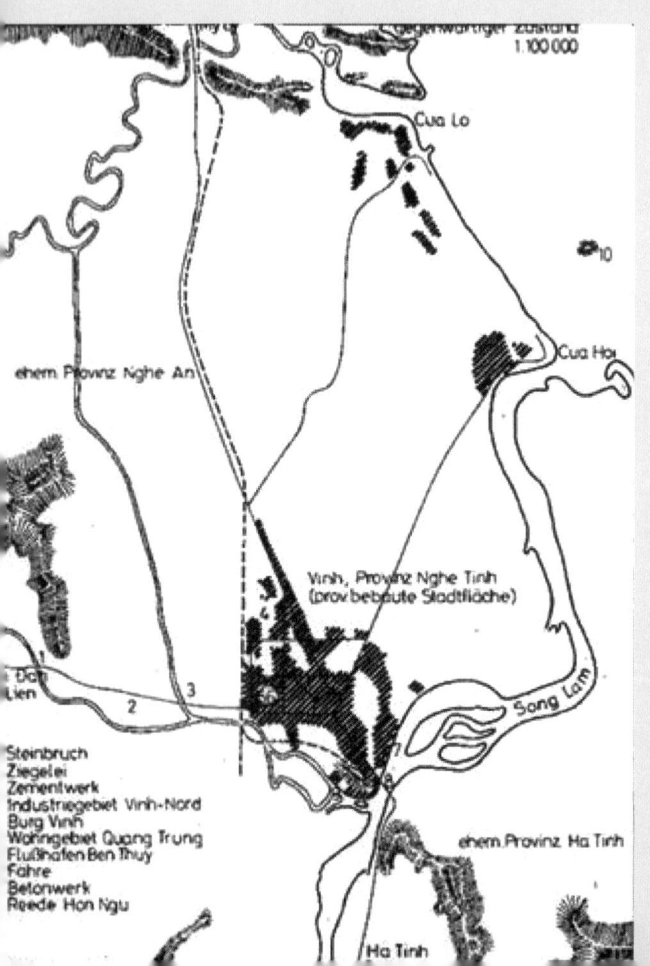

Vietnam / Vinh / Reconstruction / DAG

1. 건축 - 도시설계 수출은 역사적 현상[1)]

독일은 여러 면에서 세계 수출국 중 챔피언이라고 말할 수 있다. 그런데 역사적으로 볼 때 건축은 여기에 해당되지 않는다. 독일은 19세기까지 많은 영주국으로 분할되어 있었다. 그러나 영국이나 프랑스는 문화적으로 독일을 압도하고 있었다. 1951년에 세계박람회가 런던에서 1985년에 파리에서 개최되었다. 프랑스혁명을 겪은 후의 파리는 하우스만(Hausmann) 남작(男爵)의 혁신적 계획에 의해 대폭 변모하고 있었다. 당시 파리는 오스트리아의 수도 빈과 함께 그 시대를 대표하는 훌륭한 수도였다. 이곳에 주재(駐在)한 Ecole des beaux-art(데스보예술학교)에는 세상이 인정하는 유명한 건축학과도 있었다. 독일은 좋은 아이디어나 수재를 수출하는 일을 종종 해왔다. 예를 들면 고트프리드 제모어스(Gottfried Semoers)가 프랑스로 망명한 경우[2)]이다. 이런 실정은 19세기 말에 와서 달라지기 시작했다. 1871년 독일을 통일한 비스마르크(Bismark) 정권은 강력한 공업국가를 건설하는 일에 매진했다. 이리하여 과학과 예술이 번영하였으며, 동시에 건축가들과 조형 일꾼들이 급속히 무질서하게 성장하기도 했다. 그러나 그동안에도 독일의 여러 도시가 양

---

1) Vogt Wolfgang, 2008, 독일수준에서 세계수준으로(독일건축 수출 역사).

2) 참조: Voigt Wolfgang: 현실적인 독일 건축 수출. 독일의 기여(寄與). 7차 비엔날레

식(様式)적으로 개량되어갔다.

이런 도시개량에 대한 구상은 종종 외국에서 도입되었다. 영국에서 도입된 "예술과 공예(arts and crafts)"운동과 정원도시 건설운동 등은 독일 도시건설에 효과적으로 융합되었다. 예술을 응용하는 건축학 교육은 이론적인 대학교육과정에서 분리하여 실용적이고 현장교육과 결부시키는 독일식 응용예술 교육제도로 개혁되었다. 이런 교육혁신이 근대 독일 도시건설에 큰 역할을 한 것이다. 이런 토대에서 1919년에 바우하우스(Bauhaus)가 생겼다. 독일의 공과대학에서 처음으로 도시계획과가 공식 학과로 인정됐다. 독일 국제박람회가 베를린, 뒷셀도르프와 쾰른에서 열려서 많은 관객이 참관했다. 그리고 1914년에 쾰른의 독일응용미술가(應用美術家 Artist)연맹 전람회가 개최되었다. 1907년에 발족된 독일 공예가연맹은 "질적인 창작활동"이라는 슬로건을 내걸고 일정한 모임을 추진하여[3] 공업 및 정치개혁자들이 한자리에 모이게 됐다.[4] 공예가연맹의 테오도르 피셔(Theodor Fischer), 페터 베렌츠(Peter Behrens), 발터 그로피우스(Walter Gropius), 막스 베르그(Max Berg)와 하인리히 테스노부(Heinrich Tessenow)들은 지금 현대건축의 규준(規準) 건물을 지었다.

젊은 찰스 에드와자넷(Charles Edouard Jeanneret), 그리고 르 코부져(Le Corbusier)는 독일로 이주하여 베렌스와 피셔(Behrens와 Fischer) 설계사무소에서 많은 것을 배웠다. 독일 공예가연맹 모델은 큰 성과를 이루었으며 이 연맹의 중요 일꾼들은 요란하고 환상적 발상으로 독일 건축계가 대대적인 수출국으로 변천하기를 원했다. 1914년에 프리드리히 나우만(Friedrich Naumann)은 서면을 통하여 "독일은 유럽 건축계에서

---

3) AEX, 54면.

4) AEX, 54면.

경제적 패권을 가져야한다."라고 주장했다.[5] 당시 여러 식민지들은 선진 공업대국들의 점유물로 시장판로만을 제공했다. 그러나 독일은 빈드획(Windhoek, 현 Nambia의 도시)과 중국의 청도(青島, Tsintao) 등 얼마 안되는 식민지를 갖고 있었지만, 이들은 영국의 식민지 도시(Cairo, Bombay, New Delhi)와 홍콩, 또는 프랑스의 카사블랑카(Casablanca)와 같은 도시와 비교하면 보잘 것 없이 적은 도시였다. 그러나 헤르만 무테시우스(Herrmann Muthesius)는 독일의 크기가 세계 크기의 모양새(shape)로 된다고 말했다. 다만 독일이 세계를 지배하기보다 독일에 그런 외모를 만들어줘야 한다는 것이었다. 우선 이것을 실현하려면 국민이 앞장서게 되고 독일이 반드시 이렇게 돼야한다는 것이었다.[6] 독일의 한 건축가 발터 그로피우스(Walter Gropius)는 외국에 많은 모범적인 건축물을 소개하는 건축 '안내서'에서 "국제건축"이라는 구상을 하였는데 이것이 "독일의 건축계가 세계적 고립"에서 벗어나오게 한 동기가 되었다. 그는 국경을 넘어서 동일한 목적을 달성하려는 세계적인 통일운동이 현대식 건축이라는 것이었다. 그러므로 1927년에 독일 공예가 연맹은 자축할 목적으로 외국 건축가들을 슈투트가르트시에 지어진 바이센호프 – 정착촌(Settlement, Weisenhofsiedlung)에 초대했다. 그중에는 옛날의 적국이었던 벨기에나 프랑스의 건축가 빅토르 부르제스, 르 코부져(Victor Bourgeois와 Le Corbusier)들도 있었다. 이렇게 바이센호프(Weissenhof) 모임은 독일건축의 현대적 흐름운동을 세계에 알리는 돌파구 역할을 한 것이다. 그리하여 독일 건축가들이 현대건축의 역사적인 원조(元祖)로 존경하는 국제건축학회(Congres Internationauxd'

5) AEX, 56면.

6) AEX, 56면.

Architecture)의 회원이 된 것이다.[7] 제2차 세계대전 때 웃음거리가 된 건축수출현상이 있었다. 수백 명의 독일건축가들과 기사들이 전쟁에 필요한 건축물 설계를 가르쳐준다며 독일군이 점령한 나라에 가서 야단법석을 했다는 것이다. 제2차 세계대전 기간 중에는 식민지 대신 점령한 동유럽지역의 설계를 시작했다. "열등한 인간"에 대한 영구 지배권을 보장하기 위하여 동유럽지역의 도시와 촌락의 설계는 독일 국내에서 했다. 그러나 제2차 세계대전이 끝난 1945년 이후에는 독일 인접국들은 독일의 건축수출을 환영하지 않았다. 많은 독일 도시가 파괴됐으며 장차 장기적인 복구사업이 있게 됨으로 국내의 많은 건축가들은 실직에 대한 염려를 하지 않았다. 유럽통일의 가능성과 대중의 휴가여행이 증가했기 때문에 외국인이 독일인에 대한 복수심이 점점 감소하였다. 아이디어 전달은 힘들지 않게 되고 1933년 이후에 말썽이 많았던 현대건축의 재수입은 간편해졌다. 많은 국내 재복구 사업이 늘어난 관계로 건축수출에 대한 관심이 적어졌다. 대신 신흥국들이 점점 건축사업과 국제시장개척에 관심을 갖게 되었다.

1950년대부터 "미국의 생활양식"[8]이 경탄할 정도로 향상되었음으로 미국의 큰 건축연구소들은 많은 돈을 벌 수 있었다. 1974년에 세계적 경제불황이 생겼을 때 독일건축가들은 스스로 수출에 전환시킬 능력이 없었다. 그러나 1978년의 베를린 국제건축전람회에 미국을 포함한 여러 외국 건축가들이 모범적으로 참여하였다. 독일 통일 후에 수도 베를린을 재건하는 데에는 국내 일꾼들을 주도적으로 활용하는 문제도 논의하였다. 후일 독일연맹에 새로 가입한 구동독의 재건에도 이런 논의를 많이

7) AEX, 58면.

8) AEX, 58-60면.

활용하였다. 한편으로는 독일의 안락한 보수파의 지지가 많았던 관계로 외국건축가들이 본국 생활의 환경보다 나은 조건을 제공하는 독일에 많이 왔다. 따라서 독일건축가들을 위해서 시작했던 보수적 시장조절법은 독일 내에서 치열한 경쟁을 초래했다. 건축가가 국경을 넘는 방향은 늘 한 방향 즉 독일로 향했던 것이다.

그동안 세계 경제는 대단히 변화했다. 글로벌과 인터넷들로 통신망은 크게 발전했으며 거리에 대한 개념이 전적으로 뒤집혔다. 독일이 통일한 이후 "동부건설"이 한동안 분주했지만 그 붐이 종결된 이후의 독일 건설계는 다시 외국 건설으로 방향을 돌렸다. 때마침 독일건축가들에게 유리한 국제건축시장이 전개되었던 것이다. 많은 경험을 가지고 세계무대에서 춤추던 미국, 영국, 프랑스 그리고 네덜란드의 경쟁자들이 점점 줄기 시작했다. 독일 대형건축업체 게르칸 마르그와 파트너(Gerkan Marg&Partner, GMP)나 알베르트 슈페르와 파트너(Albert Speer&Partner, AS&P) 등은 국제적 역할을 한 것으로 유명해졌다. 그들이 하는 건축사업의 과반이 외국에서 전개되었다. 그리하여 21세기 초에 독일의 건축사업이 무너졌을 때에 게르칸(Gerkan)과 파트너는 외국에서 하는 건축사업을 강화하여 손해를 만회할 수 있었다.

그 외에 또 두개의 독일 수출기적이 있었다. 독일대학을 졸업한 많은 젊은이들은 직접 노틀담, 런던, 바젤 또는 빈 등으로 이주했다. 유럽의 자유 정착 덕택으로 국내보다 더 안전한 취직이 가능하게 되었다. 두 번째 기적은 독일의 건축 안내서들과 잡지 등의 출판이었다. 1936년에 초판이 발간된 이후 노이페르트(Neufert)지는 설계학에 있어서 세계적 규격교범(教範)이 되었고 실제로는 건설적 "독일의 인간성"을 보급하는 계기가 됐고 노이페르트는 18개 국어로 번역되어 약 2백만 권이 출판되었다. 또 독일 뮤닛크시의 잡지 데타일 “detail”은 7개 국어로 번역되고 80개 나라에 보급되었다. 소소한 일도 자세히 철저하게 연구하는 것을 독일인들로부터 배울 수 있다는 것을 차차 알게 되었다. 독일 국내의 에너지절약 건축공정은 높은 수준의 규격으로 정해져있어 미국의 환경보호아핀의 관심사가 되었다.[9)]

독일인들의 외국에서의 “회복”은 매우 적은 비용으로 뛰어난 판단력과, 일류 건축가들의 일상적 판단력으로 해결될 수 있었다. 건축에서 장래성이 세계적으로 중요하게 되고 국내동료들이 일정한 것을 정시(呈示)해야 된다. New York Times지는 “green architecture”로 중부유럽의 대단한 우월성에 대해 “why are they greener than we are?”라고 썼다. “독일의 철저성”은 설계가적인 인간성에서 생기며, 법을 준수하고 새로운 환경을 잘 받아들이며, 모든 것을 잘 관찰하려고 하며 문제성을 깊이 분석하고 또한, 매 설계과정에 전력을 집중하며 모든 것이 화제거리로 될 수 있으며 계획에서의 다른 지연성, 등귀성(騰貴性)이 염려될 수 있다. 이것으로 독일건축가들이 외국에서 점수를 딸 수 있었다. 제2차 세계대전 후에 독일은 나치 독재와 왕조시대의 나쁜 건설현상을 잊어버리기 위해 겸손하게 자기 모양개량에 힘썼다. 그러나 1957년 베를린의 인터바우(Interbau)에서는 다음 같은 슬로건이 나왔다. “가볍게, 유쾌하게, 살기 좋게, 축제적인, 다양한 색깔로, 빛나게, 안전하게……” 이런 정신으로 1958년에 에곤 아이어만(Egon Eiermann)의 가볍게 배우는 파빌리온(Pavilion)이 건설되었고 또 셉프루프(Sepp Ruf)의 브뤼셀 세계박람회 작품과 권터 베니쉬, 오토 프라이(Guenter Behnisch, Otto Frei)의

9) AEX, 60–62면.

뮤닛그시의 역시 둥실둥실 떠도는 모양 같은 가벼운 올림픽 운동장 지붕이 생긴 것이다. 이것은 다만 호의적 홍보운동이 아니며 설계품의 시시한 판매문제를 의론하는 것도 아니다.

한 세대 후에 민주주의가 견고해졌으며 독일은 유럽과 함께 성장했으니 지금은 독일인으로 미안하다고 생각할 필요는 없어진 것이다. 자국의 체면유지를 위하지 않고 매주에 집중하는 상품과 "ready for take off"라는 가치규준 원칙으로 독일이 브라질 상파울로(Sao Paulo) 건축 비엔날레에 기여했다. 특수한 독일식 건축이라는 것은 없어졌으나 브라질의 방문객들은 훌륭한 "made in germany"라는 독일제 기계와 자동차를 많이 회상했다고 한다. 릴리 홀라인(Lily Hollein)는 "ready for take off"는 "치열한 시장적 전략"을 의미한다며 독일인들은 1945년 이전의 요란한 등장과는 점점 멀어지고 1945년 전쟁 이후의 건축적 겸손한 자세로 다행히도 비독일식인 자기조롱[10)]에 접근하는 것이다.

독일건축 설계 수출의 실례로 베트남 비엔시의 경우를 아래에 설명한다.

---

10) AEX, 64면.

2. 신흥국 베트남으로의 도시계획 · 설계 수출[11)]

베트남전쟁 후 북 베트남을 위해 베트남 정부의 소원에 따라 구동독은 베트남의 빈(Vinh)시의 재건을 도와주기로 했다. 1973년 10월에 이 협정이 베를린에서 체결됐으며 이에 따라 구동독의 전문가들은 재삼 동원되고 또 물질적인 도움도 결정됐다. 이 원조 사업은 1974~1978년간으로 됐으나 후에 2년간 더 연장하여 1980년 말까지 계속했다. 1974년 2월 14일에 독일 일꾼들이 처음으로 빈(Vinh)시에서 일을 하게 되었다. 1974년 5월 1일에 쾅 투룽(Quang Trung) 주택지역을 위해 기존하는 베트남 프로젝트에 덧붙여 기공식이 거행됐다. 기본적인 도시계획이 준비되고 새로운 주택 모델이 개발되었다. 이 협정은 빈(Vinh)에서 준비되고 시공되는 모든 건설사업 전체를 베트남 측이 책임지기로 했다. 이 초안은 자립을 위한 원조로 파괴된 인프라 재건의 출발로 간주됐다.

매개 프로젝트는 다음과 같다

> 빈(Vinh)시 주변을 포함하며 인접된 느게 안(Nghe Anh)을 포함하는 지방 총 설계, 빈(Vinh)시의 총 계획도, 주택지역을 위한 계획도 그리고 건재용의 채석장의 재건, 화물차 수리소, 시멘트 공장과 벽돌공장의 재건.

그 외에 직업학교, 전력공급 망과 기타 세부 프로젝트를 회복하였다.

중요한 것은 당시의 모든 동부진영 나라에서 베트남의 각 지역과 도시의 재건을 책임지고 정부측에서 역시 이것을 뒷받침했다.[12)]

---

11) 참조, Udo Purtak의 서론; Udo. Purtak의 보고서, Vinh의 최종도시계획팀장.
12) Hans-Ulrich Moennig 와 2015년 5월 12일에 통화함.

3. 베트남의 빈(Vihn)시의 1974
– 로란드 디틀(Roland Dietl)[13)]의 설계 설명서

1) 설계구역과 주민에 대하여

빈(Vinh)시는 북남 국도 제1번 도로와 인접해 있는 저지대에 위치해 있으며 남쪽에는 송람(송카, Song Lam(Song Ca))강이 흐른다. 베트남 북부 중앙에 있는 도시의 북쪽에 동서로 지나가는 제7번 국도가 있다. 제7번 국도는 베트남 서쪽의 라오스와 태국에 이르는 길과 연결되는 간선도로이다. 그리고 빈은 철도선의 종점이기도 하다. 인근 벤투이(Ben Thuy)에는 하항(河港)이 있으며 혼누(Hon Ngu)섬 옆에 있는 하구에 외부항구가 있으며 또 콰로, 콰호이(Cua Lo, Cua Hoi)에는 수산업 항구가 있다.

수도 하노이(Hanoi)까지는 319km이다. 빈(Vinh)시는 북위 18°40′'카르툼, 푸에루토 리코'(Khartoum, Puerto Rico)'에, 동위 105°40′ '하노이, 우란 바토르, 자카르타'(Hanoi, Ulan Bator, Djakarta)'와 비슷한 위치에 있다. 도시지대에서의 사이트 좌표(site coordinates)는 4m ~ 50m, 해발 높이는 0에 가깝다. 도시남쪽에 102m 높은 쿠옛(Quyet) 산이 있다.

빈(Vinh)시는 열대기후로 습기가 많은 곳이다. 두 계절이 있다.

4월 ~ 9월까지 ………………… 더운 시절

11월 ~ 2월까지 ………………… 추운 시절

빈(Vinh)시의 일기 현상은:

오랜 맑은 계절 …………………… 200 시간 6월/7월

더운 온도, 습기 도수…………… 23.7° /년

13) Roland Dietl 씨가 구동독의 전문가로 Vinh시 재건에 참가함.

133,5/일 〉30° /년

86% 비교적으로 연간 습기가 많다

더운 달은 ………………………… 6월 29.6°C (베를린 7월 18.00°C)

가장 추운 달은 ………………… 1월 16.7°C (베를린 1월 −0.7°C)

바람 빈도(頻度) 분포 ………… 南西(월) 5,6,7,8,9

北西, 北東(월) 10,11, 12, 1, 2, 3

東(월) 4

北東에서 대, 중 속도로 6~7m/sec의 바람이 불고 6, 7월에는 라오스(Laos) 쪽에서 11m/sec의 종종 태풍이 있고 홍수도 있다.

강우(降雨)…………………………1,800mm/년(베르린 580mm/년

비가 많은 달………………………9월 424mm/년(베르린 7월 80mm)

비가 적은 달………………………2월 044mm/년(베르린 2월 33mm)

5월부터 9월까지 대단히 무더운 달(중 증기압력 24 Torr). 단 12월부터 2월까지 무덥지 않다. 빈(Vinh)시의 기상청의 중간 평균치수를 참고할 것.

빈(Vinh)시는 1975년 11월부터 늦게 안, 하틴, 느게틴(Nghe An과 Ha Tinh 와 Nghe Tinh)시와 합해진 도청 소재지다. 역시 빈(Vinh)시는 네 번째 지역과, 탄호아 – 쾅빈(Thanh Hoa–QuangBinh) 그리고 인접 지중 라오스(Laos)를 위해 중요한 도시다. 이 도시는 호치민 대통령의 고향이며 기념터이다. 빈(Vinh)시에는 앞지방 쿠아로(Cua Lo), 쿠아호이(Cua Hoi), 홍린(Hong Linh) 산 강의 하틴(Ha Tinh) 강변과 30km 떨어져 있는 마이 라이(My Ly)도 속한다.

빈(Vinh)시의 행정적인 대지는 약 5.580ha이며, 약 85.000명의 주민이 있다.

쿠아로/쿠아호이(Cua Lo/Cua Hoi) 지대는(느기록–Nghi Loc–군의 8개 촌) 면적이 약 2. 900ha이며 근 28.000명 주민이 있다.

2) 토지이용설계, 직업구조, 거주, 노동과 건설현황

〈빈(Vinh)시의 면적 2.164h, 주민 52.500명을 위한 현재 대지이용 일람표〉

	ha	%	%	%
총 면적	2164,0	100,0		
도시기능면적	965,2	44,6	100,0	
건축대지	872,6	40,3	90,5	100,0
거주지, 혼합지대	468,1	21,6		53,6
도시중심 시설물	98,3	4,6		11,3
공업	173,1	8,0		19,9
기타 대지	133,1	6,1		15,2
휴양지	3,0	0,1	0,3	
교통면적	89,6	4,2	9,2	
수율면적	836,1	38,6		
기타	382,7	16,8		

도시의 중요기능: 거주, 노동, 휴양과 공급 등은 잘 발전되지 않았다.

도시 기능처는 제한되고 있다. 현존하는 건물은 도시에 속해 있으며 건축물은 농촌 식으로 되어 있다.

빈(Vinh)시의 고용구조는 아래와 같다

	ha	%
농업*	19.257	38,5
공업, 수공업, 창고	10.404	20,8
사회적인 시설물, 조직체들, 행정기관	8.128	16,2
상업	938	1,9
건축업	5.157	10,3
교통, 우편, Telecom	2.543	5,1
교육	3.618	7,2
전체	50,045	100,0

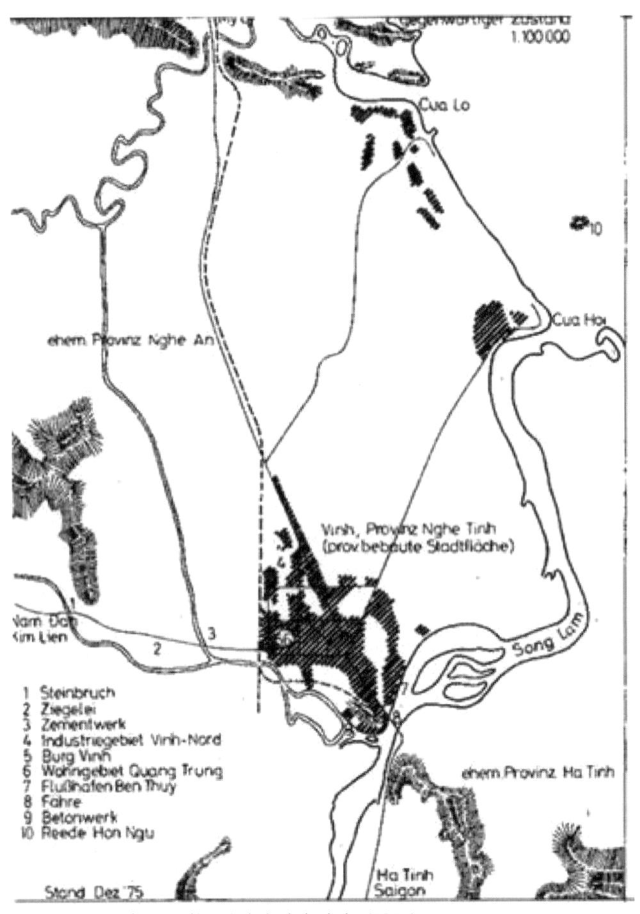

〈그림 A1〉 빈(Vinh)시의 지방 설계도(1975).

농업 고용인들 경우에 모든 인구부분이 포착되었다.[14)]

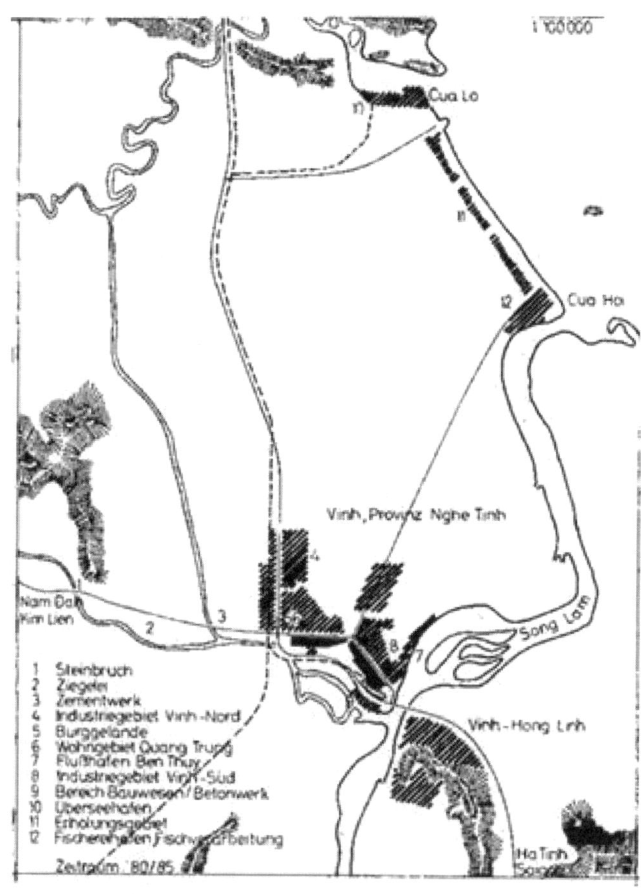

〈그림 A2〉 빈(Vinh)시의 1980년/85년 지방 설계도

14) 위 설명서는 구동독 베트남 재건단원인 Dr. Roland Dietl가 기록했고 그는 도시 계획팀에 속했으며 1974-1975년 12월까지 빈(Vinh)시 북부공업지대 계획책임자였다.

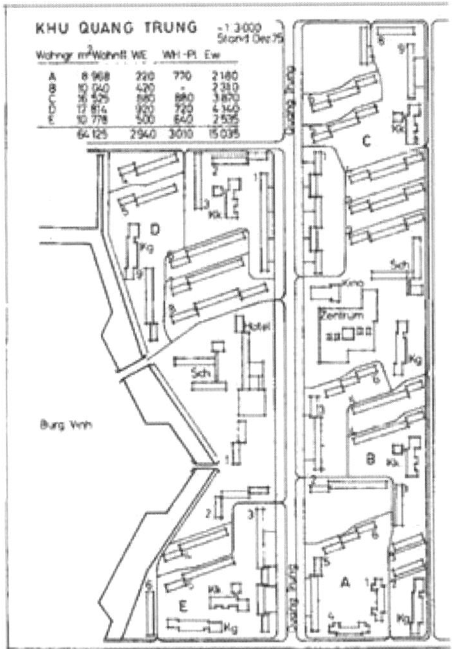

〈그림 A3〉 쿵 투룽(Qung-Trung)의 위치도(1975)

THANH PHO VINH

〈그림 A4〉
쿵 투룽(Qung Trung)시의
주택 평면도와 정면도

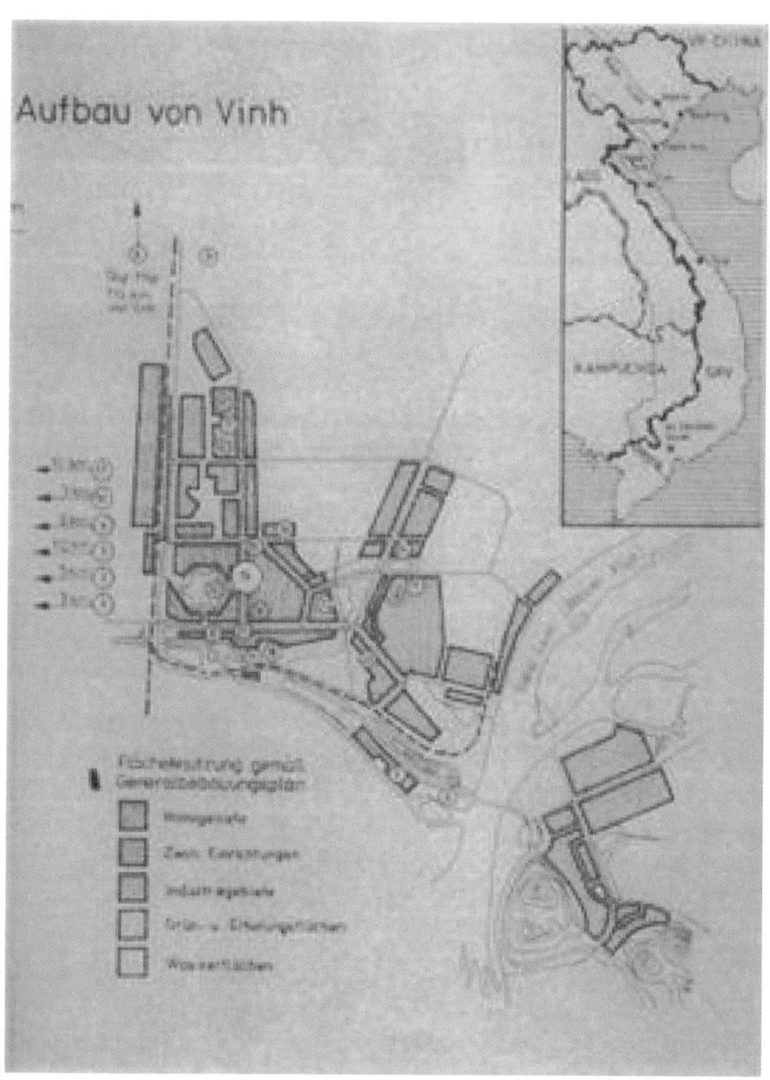

〈그림 A5〉
빈(Vinh)시의 총계획도(1974년 10월에 도(道) 위원회에서 결재됨)

로란드 디틀(Roland Dietl) 씨의 계획 보고서

빈시 탄 포 빈(Thanh Pho Vinh)는 쾅 투룽-쿠쾅 투룽-쾅 투룽(Quang Trung -Khu Quang Trung- Quang Trung)의 주택으로 시작하여 큰 시가지로(별 세 개 호텔까지)호텔, 상점, 25,000명의 학생이 있는 2개 대학, 6개 전문대학(그 중에도 베트남-독일-공업적, 의학과 교육 전문학교와 예술대학)과 여러 공업지대(그 중에도 박 빈과 남 캄 -

Bac Vinh과 Nam Cam – 공업지대와 다른 공업부분)와 누이 퀙(Nui Quyet) 산림 그리고 관광 지역이 발전되었다.

1974년/1975년 – 구동독 지원 직전에 – 빈(Vinh)시에는 아무것도 없었다. 도시지대는 황폐지 – 폭탄 분화구만 있었다. 전체 인프라는 파괴되었다.

1975년에의 이 지대 주민 현황:

탄 포 빈(Thanh Pho Vinh) – 약 5. 580ha·············· 약 85,000명

쿠아 로/쿠아 호이/로케이션 느기 록 – 2. 900ha·········약 28,000명

(Cua Lo/Cua Hoi/Location Nghi Loc)

전 빈 륵/쿠아 로/쿠아 호이(Vinh Rhk Cua Lo/Cua Hoi) 지대의 면적은 22,188ha 이고 근 194,000명의 주민이 있었다.

1985년까지 전 지역의 인구는 24,000명으로 성장됐다.

2007년에 탄 포 빈–쿠아 로와 쿠아 호이(Thanh pho Vinh– Cua Lo와 Cua Hoi)를 제외)의 인구는:

탄포빈(Thanh pho Vinh) 2002························ 약 226,000명

탄포빈(Thanh pho Vinh) 2007························ 약 296,000명

탄포쿠아로(Thanh pho Cua Lo)····················· 약 90,000명

2005년의 느게 안(Nghe An) 인구는 3,030,946명이고 면적은 16,487km2였다.

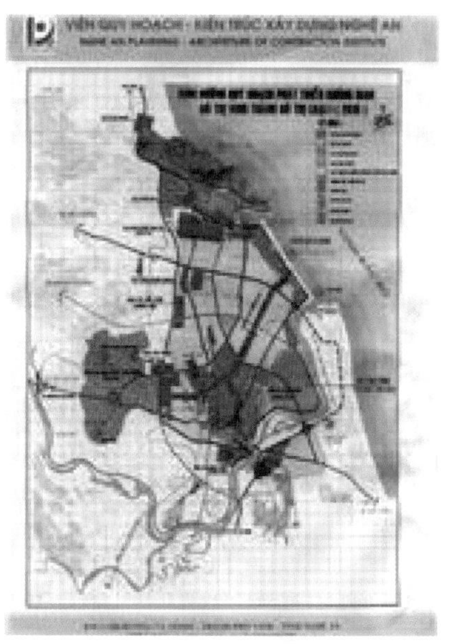

〈그림 A6〉 총계획도

〈그림 A7〉 2007년의 빈(Vinh)시

〈그림 A8〉 디틀 박사 (Dr. Diet..)와 베트남 친구
(위의 사진 3장은 디틀 박사가 제공)

위 사진의 디틀 박사는 빈시의 동독 재건단에서 봉사했던 분이다. 그 분은 지금도 베트남에서 같이 일했던 베트남 일꾼과 교제가 있는 것을 알 수 있다.

건축가 한스 그로테볼(Hans Grotewohl)은 1950년 중반에 구동독 함흥 재건단 설계 연구팀장이었는데 이 분이 1970년에 다시 베트남 재건단의 총 책임자로 봉사했다. 지금도 구동독 재건단원들은 베트남 일꾼들과 교제가 있는데, 우리 북한 일꾼들은 베트남 일꾼들과 달리 정치적 문제인지도 몰라도 구동독 재건단원과의 교제가 거의 없는 것 같다. 여기에서 전형적으로 구동독 북한 재건단의 모범적인 사업에서 발생한 북한 일꾼 간에 생긴 인간관계가 베트남의 경우와 다른 점인 것 같다.

제7장

맺음말

1952년 북한 국비 유학생 독일어 연수
라이프치히대학에서

이상 6.25 한국전쟁으로 전화(戰禍)를 크게 입은 함흥시의 재건활동을 구동독 함흥시 재건단(DAG)의 사업기록을 통해 조명해 보았다. 반세기전에 필자가 DAG의 일원으로 함흥시 재건계획 작업에 참여했던 인연으로 인해 DAG의 광범위한 사업기록을 수집할 수 있었다. 이 책에 그 기록을 체계적으로 서술했다. 그 막대한 독일인의 기록물에 필자의 논평(Comment)은 많이 달지 않았다. 이 책은 DAG가 전파(全破)된 함흥 시가를 서구식, 특히 사회주의의 관점에서 도시계획을 시도한 과정을 나열한 것으로 장차 이 방면 연구를 계속하려는 연구자의 참고자료가 되기를 희망했다.

나의 소원

1945년 제2차 세계대전 종결로 우리 한반도가 일제로부터 해방된 후 서구의 도시화 사례를 통해 한국 도시설계가들은 새로운 도시들을 스스로 계획하고 건설했다. 나는 DAG의 함흥시 도시계획을 수행한 결과가 지금도 그 효과를 발휘하는지를 조사하여 보고서를 작성하고 싶다. 내가 반세기 전에 조 · 독 합작(朝 · 獨 合作)으로 함흥시 도시계획과 시공 사업에 참여한 경험이 크지만 "함흥시 도시계획 지속적 가능성 연구 보고서"를 작성하고자 한다. 이를 위해 현재 나는 함흥방문의 기회를 북한 당국자와 접촉을 시도하는 중이다. 나는 우리나라의 통일 후 전(全) 한국 국토의 도시화를 조망할 수 있도록 전(前) DAG전문가는 물론 전세계 도시계획가들이 끊임없는 정보교환을 할 수 있는 '한국전문가 포럼'의 창립을 제의 한 바 있다. 이제 그 포럼의 창립을 가속화할 필요가 있다. 이로써 구동독 도시건설계획팀의 경험을 통합하는 계기가 될 것이다. 60년이 지난 지금이라도 옛 함흥시 도시계획에 대한 평가를 모든 전문가들이 한 자리에 모여 60년전 함흥의 도시계획의 지속적인 가능성을 토의하는 기회도 될 수 있을 것이다

또 1945년에 발간된 건축도시 공간연구소의 연구 보고서(엄운진, 여혜진과 임현성의 공저) "한반도 통일시대 기반구축을 위한 건축 분야 기초연구"에는 남북한 건축 도시계획의 전문가들이 함께 한 과제를 이 책에 구체적으로 기술(記述)되었다.

나의 DAG 사업에 관한 한국 강연과 이 책에 대한 소회

(1) 인천대학교의 도시디자인 교수 곽동화는 2013년에 필자가 인천대학교에서 강연한 "함흥시 특강"에 대해 다음과 같이 언급했다.

> "함흥의 도시개발사례는 한국의 도시설계의 역사를 앞당길 수 있는 매우 귀중한 실제 자료입니다. 이와 같은 귀중한 자료를 보관, 정리, 출판하여 세상에 알리는 데 힘쓰는 신 선생님에게 감사드립니다.
>
> 항상 건강 하시기를 기원합니다. 2013. 08. 13 곽동화."

(2) 최정섭 국립목포대학교 도시 및 지역개발학과 교수

신 선생님! 글 반갑게 받아보았습니다. 좋은 강의를 해주셔서 고맙

습니다. 주고가신 책도 다 읽어보았습니다. 해방 이후 최근까지 역동적으로 살아오신 선생님의 인생은 우리나라 최근 역사를 그대로 반영하고 있는 듯 하여 매우 흥미롭게 보았습니다. 사모님과 함께 항상 건강 하시고, 후학들을 많이 지도해 주시기 기대합니다. 목포대에서 최정섭 올림

(3)재미 교포 한만섭 박사의 논문 독후 소감

막대한 분량의 DAG 함흥사업에 관한 신 선생님의 논문원고를 저에게 미리 공개해 주신데 대해 무한한 감사를 드립니다. 저는 유년시절과 중학교시절을 함흥에서 지냈습니다. 유년기에는 제가 살던 집 주변에 일제가 함흥시 도시계획을 실행하여 저의 집터 경계선이 변경되는 것을 보았습니다. 저의 중학 3학년 시절(1945년)에는 일제의 강압책인 "학생근로봉사"로 흥남 본궁 공장에서 일했습니다. 그런 관계로 선생님의 논문은 저에게 특별한 의미를 주었습니다. 1960년대 이후 제가 미국에 이주해 온 이래로 미국의 여러가지 도시구조를 알게 되었습니다. 이런 저의 경험과 DAG가 구상했던 도시계획을 비교하게 되었습니다. 저는 도시계획 전문가도 아니고 다만 비행기 설계 엔지니어로 미국 보잉회사에서 25년간 근무했던 사람입니다. 아래에 저의 무지한 독후소감을 적어봅니다. 저의 실례를 관대히 사려해 주시기 바랍니다.

DAG가 그린 함흥시 도시계획안이 오늘날 자본주의 경제체제가 형성해 놓은 시장구조(모든 세대가 승용차 한대를 소유한 경제체제)에 얼마만큼 적응(Adaptation)될 수 있을까를 생각하게 된다. 실질적인 면에서 상기 좀머러(Sommerer)의 함흥시 도시계획도(〈그림17〉)를 예를 들어 보자. 만일 만세교 방면에서 자동차 사고로 부상을 당한 환자를 구급차로 동쪽 회상리 구역에 있는 메디칼 센터까지 가는 간선도로는 하나뿐이다. 만세교에서 도심으로 가는 방사선 축 도로는 있지만 이 방사선 도로

는 도심 중앙광장에서 끝나게 되어 있고 또 사방에서 모여드는 방사선 도로가 중앙광장에서 심한 교통체증을 초래하는 관계로 구급차의 통과는 상상도 할 수 없다. 이런 관점에서 보면 사회주의 체제에서 원하는 도시 중앙 큰 광장은 교통체증을 유발하기 쉽다. 또 도심의 대공원은 북쪽 반룡산 기슭에서 사는 사람이 차로 함흥역 방면으로 가려면 중앙공원이 직행 도로를 차단하기 때문에 우회도로로 드라이브해야 하는 불편이 있다. 이 것 역시 중앙광장 중심의 도로망은 시장경제가 요구하는 사각형식 도로망보다 단점이 많음을 말해 준다. 함흥을 북한의 제2 경제대도시로 만드는 미래상에 자동차 교통이 동–서 방향과 남–북 방향으로 원활히 관통하는 도로망이 부재(不在)했음을 연상할 수 있다.

사회주의 체제하에서 교육과 훈련을 쌓은 퓟쉘이나 좀머러가 그린 함흥시 도시계획도면은 상수리(함주구) 소구역에서나 만세교 부근에 사는 사람이 회상리 소구역에서 사는 친구와 점심하러 자동차로 드라이브해서 가는 시대를 예상도 못한 시대의 도시계획이었음을 알 수 있다. 함흥시에는 동–서를 연결하는 간선도로가 4~5개를 더 그려놓아야 했을 것 같다. 그리고 그들이 토대로 했던 사회주의 도시계획의 원칙 제16개 기본조항은 판에 박힌 듯한 도시 모델을 함흥시 도시계획에 적용해 보려고 애썼던 것이지만 4~50년 후의 자본주의 경제 체제나 현 중국식 제한된 자본주의 경제체제에는 적절하지 못했음을 알 수 있다. 그러나 그들이 그들의 지식과 경험을 함흥도시에 적용해 보려고 시도했던 업적은 한국 도시계획 발전사(史)에 좋은 교훈을 남긴 것으로 역사는 평가할 것이다.

DAG 기술자가 그려 놓은 단독 주택 평면도를 보면 상수도 수도꼭지가 마당 한가운데에 그려져 있은 것을 발견한다. 주택의 건설에서 상수도 하수도를 어떻게 처리했다는 설명이 없어 매우 궁금하다. 그리고 2,3층 건물의 난방을 어떻게 처리했는지도 설명이 없다. 논문의 한 구석에 구둘 온돌을 2,3,4층 건물에 적용하려니 건물의 높이가 증가한다는 구절이 있어 그들은 한국에서 개발한 온수식 온돌 장판을 고려했다는 이야기가 왜 없는지 궁금했다. 일제강점기 시기 흥남 공장은 더운 스팀으로

난방을 했다. 물론 독일에서도 스팀난방을 했을 터인데 이런 아이디어를 한국 온돌에도 적용했다는 설명이 없다.

묄러가 그린 총 흥남시 도시계획도를 보면 그가 한 작업은 일제시 일본인들이 만들어 놓은 일본 마치(町)식 구역을 유럽식 Town구역으로 재구성하는 선에서 멈춘 인상을 받았다(그림 55 참조). 한 가지 특이한 것은 유정리 구역의 계획에서 내호 해변가에 부두(Water-front 또는 wharf)를 두어 시민들의 레저를 돕게 했고(그림 56 참조). 유정리 남쪽에 있는 해수욕장을 흥남공업지대의 서호유원지를 계획했다(그림 59 참조). 이것 모두가 레저를 중시하는 유럽인의 아이디어이다. 그러나 묄러가 그린 총 흥남시 도시계획도를 보면 흥남 소구역간을 연결하는 자동차 도로망은 보이지 않는다. 서호 해수욕장 도로망에는 역시 방사선 도로를 그려 놓았다. 역시 자동차 교통체증에 대한 개념이 없었던 것 같다.

흥남과 함흥시를 연결하는 자동차 도로망이 자세히 구현되지 않았다(그림 65 참조). 퓟쉘이 25년 후의 흥남을 계획했다는데 그가 그린 도면을 볼 수 없어 아쉽다. 아마 그는 흥남시가 함흥과 맞붙은 대광역시(Greater Metropolitan Hamhung-Hungnam Area)를 그렸는지 모른다. 함흥과 흥남 사이의 거리는 불과 18Km 밖에 안 된다. 흥남에서 사는 한 축구 팬이 저녁에 함흥의 대운동장(Sport Stadium)에서 축구경기를 구경하고 흥남에 있는 제집으로 드라이브해 가는 급행도로(Express Way)를 그려 놓았는지 궁금하다. 그리고 함흥 중심부 대공원 대신 성천강 백사장에 서울의 한강공원처럼 시설하는 안을 그려 놓았는지도 궁금하다.

북한의 제2 도시를 동해안 함흥에 구축한다면 Financial Center, Trade Center 그리고 Convention Center를 본궁 북쪽 지역에 구축하는 안도 그려보았어야 하지 않았나 하는 생각이 든다. 그리고 퓟쉘은 공항을 언급했으나 그 공항이 국제공항으로 발전하여 본궁 Trade Cneter와 연결하는 고속도로를 그려놓았으면 좋음직하다. 그리고 그가 함흥 동쪽 회상리 방면에서부터 호련천을 건너 용흥리 - 본궁 동쪽 산기슭을 따라 흥남 유정리를 거쳐 서호 해수욕장과 연결하는 25Km정도의 관광고속도로(Scenic Drive Highway)를 구상해 놓았더라면 더운 여름 저녁에 함흥시민들이 서넉을 넉고 서호 유원지에 피서하러 드라이브해서 갔다 오는 레저를 즐길 수 있게 되어 함흥의 후세들은 퓟쉘의 원시안적 미래상에 찬사를 보냈을 뿐만 아니라 오늘날 본궁의 한 공원에 그의 동상도 볼 수 있을 일이다.

문서집(Convolute)

* 독일 재건단(DAG)의 컨버트는 바우하우스 데사우(Bauhaus Dessau) 문서실에 있음.

Convolute 18402, 1956년 6월, 카, 퓟쉘(K. Püschel,): 함흥-흥남-한독 건설 사업 전시, 6 -16쪽.

Konvolut 18402, 1957, 카, 퓟쉘(K. Püschel), 바이마르: 한국인의 생활양식, 1-6쪽.

Convolute 10171, 1959년 1월, 카, 콘라트 퓟쉘(Konrad Püschel), 함흥: 도 소재지 중앙 광장의 설계에 대한 생각, 1 - 14, 19 및. 82 - 95쪽.

Convolut 10018, 1956, 콘라트 퓟쉘(Konrad Püschel), 함흥: 함경남도 도 소재지 함흥시 계획 초안에 대한 설명서. 제5절 - 분할구조, 3-4쪽.

Convolute 10171, 1959년 1월, 콘라트 퓟쉘(Konrad Püschel), 함흥: 도 소재지 중앙 광장의 설계에 관한 의견, 1-14, 19-24, 26-34, 36, 37, 39, 41, 42, 82, 95쪽.

Convolute 10255, 1960. 01. 28일, 함흥: 함흥 중앙 광장, 11월 2일의 제2 설계 초안, 카를 좀머러(Karl Sommerer), 2, 4, 5, 7쪽.

Convolute 18401. 1956, 체, 페, 베르네르(C. P. Werner), 함흥: 함흥 건설 주택 건설의 표준화 발전, 1-6쪽.

Convolute 18401, 1958, 콘라트 퓟쉘(Konrad Püschel), 함흥: 흥남에 있는 일본인의 공장주택 계획, 13-14쪽.

Kohvolut, 1957, 될러(Doehler), 함흥, 흥남시의 종합 계획 보고서, 3, 27, 33, 123-131, 143-144, 158, 162, 166-171, 181, 202쪽.

Convolute 10171, 1959년 1월, 카, 퓟쉘(K. Püschel), 함흥: 함흥 건설을 위한 함흥 설계 사무소 도시계획 부서에서 한-독 전문가들의 공동 작업 개요와, 1958

년 4월에서 12월까지의 흥남 도시계획 현황. 15-19쪽.

Convolute 10014, August 30, 1956, 카, 핏셸(K. Püschel), 함흥: 1956/1957년간의 주택 단지 계획 보고서 – 함흥 제3단시 소구역, 흥남 제1 소구역 유정리, 흥남 소구역 요흥리.

Convolute 18401, 1958년 6월, 카, 핏셸(K. Püschel), 함흥: 함흥과 흥남시의 재설계, 17-26쪽.

Convolute 18402, 1958년 카, 핏셸(K. Püschel), 한국인의 삶의 방식,1-18쪽.

Convolute 18002, 1957년 6월, 카, 핏셸, 바이마르(K. Püschel, Weimar): 광물 자원, 기후, 살림, 동물, 9-16쪽.

Konvolut 10188, 카, 핏셸(K. Püschel), 1959년 12월 5일. 바이마르대학 심포지엄의 기고: 건축 산업화와 유형 적용, 1-6쪽.

참고 서적 및 출판물

* 한국 도시디자인 연구원(Architecture & Urban Research Institute Korea (auri) 한국 도시디자인 학회가 서구 도시 디자인이론을 어떻게 채택하였는가? (아우리 = 서울건축. 도시연구소)

(Architecture & Urban Research Institute Korea (auri): How the Korean Urban Design Practice adopted the Western Urban Design theories.)

(Auri=Architecture & Urban Research Institute)

Auri 2008: Study on Korean Urban Design Paradigm. 2008.

Auri 2011: A Handbook for Urban Public Spaces in Daily Life.

Auri 2013: Rationalizing Community Policy for Small and Medium-Cities slum Regeneration in Korea.

Bodenschatz, Harald, Kegler, Harald (2010): 도시비전(STADTVISIONEN) 1910 · 2010-베를린 파리 시카고, 시카고: 도시재생연감(Jahrbuch der Stadterneuerung) 2010, S. 35 46, 베를린, 특히 (Berlin, insbesondere S.) 40쪽.

Bodenschatz, H. Post, Ch., Hrsg.(2003): 스탈린 정권하에서의 도시계획, 베를린,

(Städtebau im Schatten Stalins), Delfante, C. (1999): 다름슈타트시의 건축사(Architekturgeschichte der Stadt Darmstadt).

볼츠, 로타르(Bolz, Lothar), 1950년: 도시계획의 원리에 대한 설명, 동독 건설부 장관.

Choi, Doo-Ho, 2007: The Transition of the Multi-Family Housing Theory and the characteristics of the Planning Elements. Seoul.

Durth, W.; 듀얼, J; Gutschow, N.: 동독의 건축 및 도시계획 JOVIS GmbH 2007, 베를린. p.500, 504.

Goldzamt, Edmund(1973): 도시 개발 사회주의 국가, 베를린, 230 및 Payton, Neal (1996): Patrick Geddes(1854 1932) & Tel Aviv 계획, Lejeune, Jean-Francois / Ed. 뉴 시티, 마이애미, 425 페이지, 특히 11쪽.

Hanul-Academy 2014: Die Städte Hamhung und Pyeongsung - Urban History of Space Everyday Life and Politics. Research for northkorean urban.

Junghanns, Kurt, 1954: 도시계획의 기획요소인 주거단지 - 동독 바우아카데미 - Henschel Verlag Berlin, p.11-12.

Kegler, H.(2015): Ernst Kanow와 GDR 지역계획의 역사, Strubelt, W.; Briesen, D. Hrsg.: 1945년 이후의 공간계획 - 독일연방공화국, 프랑크푸르트 / M.의 연속성과 새로운 시작, 317 - 354쪽.

Kwon, Hyuck-Sam; Park, Hae-Sun; Jeong, Hwa-Jin: A Study on the Transition of Spatil Organization of Neighborhood Apply for the Urban Residential Design in Korea. Seoul Korea 2008.

Kim, Myong-Sob: Korea Land and Housing Corporation, in http: //www. land. go. kr/html/bookcontents/content110. html (Internetzugriff 06. 12. 2015)

Kim, Jin-Hee und Kim, Ki-Ho,: 연구보고서(Forschungsbericht)-A Comprehensive Plan of Jamsil District in 1974: its implications and characteristics for future urban planning, keywords: Jamsil district, A comprehensive plan, Land readjustment project, urban planning in

Seoul.

Living Zone planning Concept by Housing and Urban Research.S. 5. Dezember 2006. S. 7.

Meuser, P. 평양건축안내서("Architekturführer Pjöngjang"), 2011. DOM Publishers Band II. S. 41.

Lammert, U. ed. (1979): 도시개발, 원칙, 사례, 방법, 지침, 베를린.

Lee, Sang-Joon mit Team 2011: Development issues of the Growth Centers in North Korea for Preparing Korean Unification (1) Korea Research Institute for Human Settlement. S. 248.

Meuser, P. "건축안내서평양", 2011.DOM Publishers Volume II.

Oh, Sunghoon, 2011,Tcha, Chu-Young,: "How the Korean Urban Design Practice adopted the Western Urban Design Theories". Seoul, Architecture Urban Research Institute (S. 7).

Oh, Sung-Hun; Ihm, Dong-Gun, 2014: 50 Years of Planned Cities in Seoul Metropolitan Area 1961 – 2010. auri.

Perry, C. A. (1929): The neighborhood unit. From the regional survey of New York and its environs.Vol. VII, Neighborhood and community planning, London.

Pistorius, Elke: 1930년 1934년 소련연방에서의 에른스트마이(Ernst May)와 그의 도시적 견해의 발전: 과학. 건축가. Construction – A. – Weimar 33 (1987) 4/5/6, pp. 295-298.

Ribbe, Wolfgang, 2005: Strausberger Platz와 Alex, Berlin 사이의 Karl-Marx-Allee. 2005, pp.25-32.

Rietorf, Werner: 사회주의 국가의 새로운 주거지역. 동독대학 건물아카데미. 건축업계의 VEB 출판사.

Rietdorf, W.(1976): 베를린 사회주의 국가의 새로운 주거 지역.

Rüdiger, Frank(1996), Aachen Shaker 출판사: 동독과 북한 – 1954년 함흥(Hamhung) 도시 재건 1962. p.4 – 6, 43, 71, 74.

이 상준, 2012, 나진(Rason), 청진, 원산과의 개발 협력 원칙: 북한. 한국, 인간 정주 연구소. 37, 131, 135, 165, 175, 204, 248 및 결과 1쪽.

Schröteler-von Brandt, H.(2008): 도시 및 도시계획, 슈투트가르트. Smith, Jack A.(2013): 미국과 북한 간의 아우성. http: //antikrieg. com/aktuell/2013_04_04_hinter. html.

Sonne, Wolfgang(2010): 유럽과 미국의 도시 개발 전성기: Bodenschatz, Harald; GräweGräwe, Christina; 보울러, Harald; 한겔 케(Nägelke), 한스 디이터(Hans-Dieter): Sonne, Wolfgang(2010) : City Visions 1910-2010, 베를린, p.30, 37, 특히 35-36.

Stiehler, Gerhard, 1955: 나의 일기. 민족 간의 연대는 함흥체류에서 국제 친선이 강렬해졌다.

Topfstedt, T.(1988): GDR의 도시계획 1955, 1971, 라이프치히.

Voigt, Wolfgang(2008) Anna Hesse, Peter Cachola, Hatje Canz Verlag 73760 Ostfildern: "이륙 준비 - 현재의 독일 수출 구조", 54-64쪽.

Wagner, Helmut(2009): "1950 년의 한국 위기. 결정론의 관점에서의 분석과 해석". http: //www. hausarbeiten. de/Fächer/Vorschau/144198. html.

한국 교통부: http: //www. molit. go. kr/USR/policyData/m_34681/dtl. jsp?id=522. 타운 개념 및 건설 상태(액세스 시간 06. 12. 2015).

한국, 일본, 미국의 관계전문가들**

** Contactperson in Korea, Japan, USA

Prof. Ahn, Chang-Mo. Gradual School of Architecture Kyunggi Uni Seoul.

Prof. Cho, Joon-Beom.Dept.of Urban & Regional Development Mokpo National University.

Architect Dong-Woo Yim in research and design firm, PRAUD, Boston USA.

Prof. Hong, Min. Korea Institute for national Unification Seoul Korea.

Prof. Jeon, Bong-Hee.Department of Architecture & Architectural Engineering Uni. Seoul.

Prof. Kim, June–Bong Ph. D. College of Architecture and Urban Planning Beijing Univ. of Technology.

Präsidentin Kim, Jung–Sik. Mokchon Kim, Jung–Sik, Foundation Seoul Korea.

Dr. Kim, Myun. Korea–Institute for national Unification Seoul Korea.

Dr. Lee, Sang–Jun. Korea Research Institute of Human Settlement Anyang city Korea–Head of the Center for the Korean Peninsula & Northeast Asian Studies Senior Research Fellow.

Dr. Ohm, Un–Jin in Architecture and Urban Research Institute Anyang – city Korea.

Prof. Park, Myoung–Kyu.Institute for Unification Studies Universität Seoul.

President of International Society of Ondol (I. S. O)/Sino–Korea.

Prof. Tanigawa, Ryuichi. History of Architecture Uni. Kyoto Japan.Center for Integrated Area Studies(CIAS).

색인

〈인명〉

〈용어〉

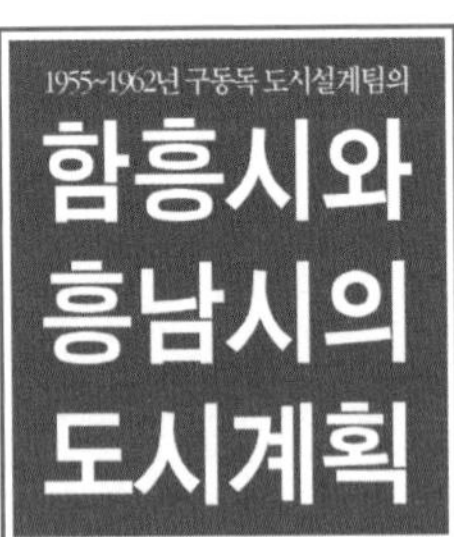

초판 1쇄 인쇄 2019년 10월 30일
초판 1쇄 발행 2019년 11월 10일

지은이 신동삼
펴낸곳 논형
펴낸이 소재두
등록번호 제2003-000019호
등록일자 2003년 3월 5일
주소 서울시 영등포구 양산로 19길 15 원일빌딩 204호
전화 02-887-3561
팩스 02-887-6690
ISBN 978-89-6357-233-8 93540
값 28,000원

이 도서의 국립중앙도서관 출판예정도서목록(CIP)은 서지정보유통지원시스템 홈페이지(http://seoji.nl.go.kr)와 국가자료공동목록시스템(http://www.nl.go.kr/kolisnet)에서 이용하실 수 있습니다.(CIP제어번호 : CIP2019043814)